航空工业出版社

北 京

内 容 提 要

当孩子遇到一些小的困难时，父母要鼓励孩子坚持下去，坚持下去就是胜利。等到孩子在父母的鼓励下通过自己的坚持取得成功的时候，他们就会体会到坚持给自己带来的好处，父母要让孩子明白，很多人就是因为缺少坚持的毅力而在即将取得成功的时候选择了放弃，最后只能落得一个前功尽弃的下场。本书收录了66个关于坚持的经典小故事，通过一个个趣味盎然的故事，以孩子们的生活经验为基础，同时融入了孩子们必须了解的生活道理。通过本书的学习将让孩子们明白遇到困难时绝不退缩，成功指日可待。

本书适合中小学生阅读以及图书馆收藏。

图书在版编目（CIP）数据

不要放手：坚持篇/刘枫编. —北京：航空工业出版社，2017.8

ISBN 978-7-5165-1277-7

Ⅰ.①不… Ⅱ.①刘… Ⅲ.①成功心理－青少年读物 Ⅳ.①B848.4-49

中国版本图书馆CIP数据核字(2017)第189269号

不要放手——坚持篇

Buyao Fangshou——Jianchipian

航空工业出版社出版发行

（北京市安定门外小关东里14号　100029）

发行电话：010-64815615　010-64978486

永清县晔盛亚胶印有限公司印刷　全国各地新华书店经营

2017年8月第1版　2017年8月第1次印刷

开本：710×1000　1/16　印张：8.75　字数：90千字

印数：1—5000　定价：29.80元

前言

阳光是世界上最光明、最美好的东西，阳光也代表着一种对待生活的积极态度。为了丰富孩子们的业余生活，开阔眼界，在科学地分析了青少年朋友的阅读心理和习惯后，我们精心编写了《阳光心灵》这套丛书，相信它在培养孩子健康成长和树立崇高理想方面会起到积极作用。

这是一套专门为青少年朋友们量身打造的心灵类丛书，本套丛书从八个方面分别阐述阳光的心灵，分为自信、乐观、诚信、感恩、坚持、理想、沟通、勇气八册，每本书中都收录了我们精心挑选的经典故事，让孩子们在享受乐趣的同时也学到做人的道理、成长的真谛。丰富多彩的故事内容，生动形象

QIAN YAN

的漫画设计，在每一个孩子的心灵里都洒满阳光的种子，让他们的身体和心理都能够健康成长，培养他们树立崇高理想和远大志向的坚定信念。

另外，此套书以轻松幽默的语言、别具匠心的创意，形成了独具特色的风格，把这一时期青少年应具有的基本素质淋漓尽致地展现在读者面前，可谓是小故事中蕴藏着大智慧。

《阳光心灵》给我们带来阳光般灿烂的心情，相信这套精美的丛书定会吸引读者朋友们的眼球。寓意深刻的故事，惟妙惟肖的插图，让孩子们在知识的海洋中体会到成长的快乐。

坚持

坚持是雨中撑起的那把伞；
坚持是雨后那道美丽彩虹；
坚持是解决难题的答案；
坚持是不弃不馁的态度；
坚持是通往胜利的阶梯；
坚持是指向成功的路标。
在你想要放弃的时候，
不妨多一份坚持。

彩虹王国
马拉松大赛
马拉松

马拉松

不要失去信心，只要坚持不懈，就终会有成果的。

—— 钱学森

人要有一种伟大的欲望，要有能够实现这种欲望的技能和坚忍。

—— 柏拉图

目录

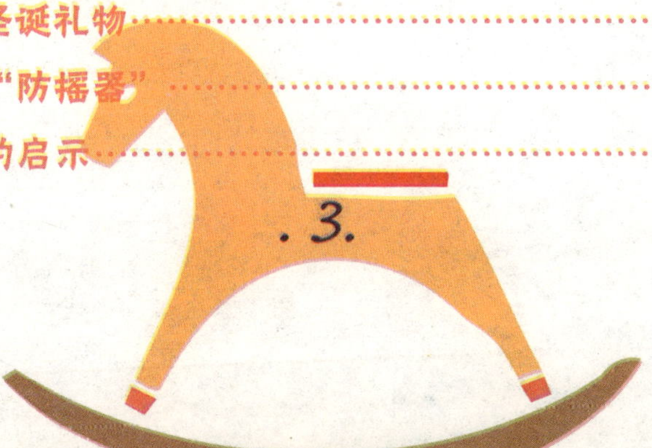

一个小女孩的梦

在美国加州南部一个小小的城镇里，一个小女孩每个星期都会到一排木结构的图书馆看书。儿童图书在一个隐蔽的角落，她就在那个角落里找她想看的书。当白发苍苍的图书馆员正在为这10岁的小女孩所借的书盖上日期戳印时，小女孩渴望地看着柜台上“新书专柜”的地方。“当我长大以后，”她说，“我要当一个作家，出很多好书。”图书管理员听了小女孩的话，并没有像其他大人一样叫小孩谦虚点，而是微笑着鼓励她。“如果你真的出了书，”图书管理员说，“把它带到我们的图书馆来，我会帮你展示它，就放在柜台上。”小女孩承诺说：“我一定会的。”

在小女孩上九年级时，有了自己第一份工作——抄写简短的个人档案。每写一个档案，地方的报社都会给她一些报酬，这是对她的肯定，可这离她的作家梦还很远。读高中了，她负责编写校报，她一直为写自己的书而努力着。直到她结了婚有了自己的家，写作的欲望还在她内心深处燃烧着。为了自己的作家梦，她做过很多尝试：在一所学校从事编写周报的兼职工作，还在一个报社从事过全职工作。

慢慢地，她开始了自己真正的创作，并把自己的作品送给两家出版社审阅，但都遭到拒绝，她只好悲伤地把书稿存放起来。经过 7 年漫长的时间，他有了一个经纪人，也写了另外一本书。她把存放起来的那本书一起拿出来，让出版商帮忙出版。

有一天，出版社把出版的新书寄给了她，她拿着自己创作的作品，激动地哭了起来。经历了千辛万苦，她的梦终于实现了。这时，她记起了那个图书管理员的邀请和自己的承诺。那个鼓励她的图书管理员早已去世，曾经小小的图书馆也扩建成大图书馆。成了作家的她写信给图书馆，说起了自己和图书馆曾经的约定，图书馆负责人表示愿意帮助她实现当初的约定。于是，她带上自己写的书去了那个曾经熟悉的图书馆。图书馆负责人热情地欢迎她，并把她送给图书馆的书放到了最显眼的书架上，还附上了感人的文字说明。看着书架上自己写的书，女作家再次流下了激动的泪水。

虽然经历了 38 年漫长的时间，但小女孩实现了自己的作家梦，兑现了自己的承诺。

售货员的第一笔生意

秋天的某个星期六下午，我匆匆赶回家，想把院子里的一些工作做完。当我在摇落树叶时，我5岁的儿子尼克过来拉住我的衣服，缠着我帮他写一份告示。我告诉他我很忙，而他还是坚持地摇晃着我的身体，可怜巴巴地望着我。我问他写什么告示，他的回答叫我哭笑不得。原来，他要我给他写的竟然是一份卖石头的告示。尼克总是沉迷在石头阵中，他一直在收集石头，人们也乐意把石头送给他。他定期清理放在停车棚里的那一大堆石头，这些石头可是他的宝贝。我把他交给了他的妈妈，让他的妈妈帮他写告示。

过了一会儿，尼克拿了一张纸从屋子里出来，纸上有他的字迹，写着“石头，每块售价一块钱”。他妈妈帮他写了卖石头的告示，现在他要开始做生意了。他拿着告示，提着一个小篮子，带着他最好的4块石头，走到我们车道的前头。他把石头排成一条线，把篮子放在它们后面，就坐了下来。我对他的决定很感兴趣，于是，我在远处静静地观察他。大约半小时过去了，没有任何人经过，我就过去看他在做什么。“生意如何，尼克？”我问。“不错！”他回答道。“这篮子是做什么用的？”我问。“放钱用的。”他有模有样地说。“你的石头要卖多少钱？”“每个一块钱。”尼克说。“尼克，没有人会花一块钱买你的石头。”

“他们会的！”“尼克，我们这条街没什么人，他们看不到你的石头。你把石头收起来，去玩怎么样？”“这里有人，”他回答，“会有人在我们这条街上散步，也有人开车来看房子，人够多了。”

我说服不了尼克，就回到院子里工作。他很有耐心地守在他的岗位上。又过了一会儿，有辆小货车驶进这条街。我看见尼克站起来对小货车高举他的告示。小货车在尼克身边停了下来，一个女士摇下了窗子对尼克说着什么。我没法听到他们之间的交谈，但我可以看见那位女士在掏皮夹。她走出小货车，并走向了尼克。她检查了那些石头后，从其中挑了一个，把一块钱交给尼克，便开车离去了。

看到这一幕，我简直不相信自己的眼睛，简直不相信一个孩子能把石头卖出去，可这些都是真的。当尼克跑向我时，我目瞪口呆地站在院子里。他晃着那一块钱，叫道：“我跟你说过一个石头可以卖一块钱。如果你相信自己，你可以做成任何事！”

穿透迷雾

佛罗伦丝·萧德威克是为第一个来回横渡英吉利海峡的女人。在34岁时，她又给自己定下了横渡卡塔利那岛到加州海岸之间海域的计划。

1952年7月4日的早晨，海水冰冷，海面上雾气很浓，佛罗伦丝·萧德威克几乎看不到跟随在她旁边的救援船。成群的鲨鱼就在她的身边游来游去，救援船紧紧地跟着这位女英雄，并用来福枪不断的射击她周围的鲨鱼，来驱散鲨鱼对她的威胁。好几小时过去了，他努力地在海水中奋地挣扎着，她和海浪拼命地搏击着，有数百万人再看国家电视台有关她横渡海峡的直播。当佛罗伦丝·萧德威克向前看时，她只看到像一堵墙似的雾。这时的她，身体有点麻木了，毕竟他已经游了16小时。在其中一条跟着佛罗伦丝的救援船上，有她的母亲和教练在替她加油。他们鼓励她，坚持到最后别放弃。有了亲人和朋友的鼓励，她一直坚持着，可她的身体却开始不听使唤了。没有办法，她只好在离对岸还有半里距离时要求退出。7小时后，他才让自己的身体暖和起来。他告诉记者说：“我真不能原谅自己。但如果可以看到陆地，我就可以游到彼岸。”并不是身体虚弱或寒冷击败了她，而是雾使她看不到她的目的地。

两个月后，佛罗伦丝·萧德威克再一次横渡卡塔利那海峡。这一次，虽然雾也一样浓，她很有信心地游向她心中所划定的目标。她知道，在雾的后头就是陆地，这一次，她成功了！

佛罗伦丝·萧德威克成为第一个横渡卡塔利那海峡的女人，她打破了男人横渡这个海峡的纪录，并且节省了两小时的时间！

摩托车给我的快乐

我在加州的拉加南海滩长大，喜欢冲浪和其他运动。就在其他小孩只会看电视和在海滩嬉戏的年龄，我就开始想怎样变得更独立，走遍这个国家，计划我的未来。

10 岁的我就开始工作了，到 15 岁时，我下课后总有一到三个兼职。就在我根本不知道怎么骑摩托车的时候，我存够了钱买了辆新摩托车；在付清现金和交了一年保险后，我开始学怎么骑它；15 岁半时，我刚刚有驾驶执照，就又买了一辆新摩托车，是摩托车改变了我的生命。

两年间我换过 5 辆摩托车，每晚我都看摩托车杂志。有天晚上，一辆宝马摩托车的广告吸引了我的目光。一辆沾满泥点的宝马摩托车，车背上有个大帆布袋，停在巨大的“欢迎到阿拉斯加”的招牌前。一年后，我骑了辆泥点更多的摩托车在同样的招牌前照了一张照片。

17 岁时，我独自骑车到阿拉斯加去，征服了 1000 英里（1 英里约等于 1.6 千米）布满沙尘的公路。在我出发去参加为时 7 周、共达 1.7 万英里的露营冒险前，我的朋友们都说我疯了，父母也叫我等等再说。从孩提时代开始，我就梦想着骑摩托车横穿美国。我心中一个强烈的声音告诉我，如果我现在不踏上这趟旅程，我将永远不能，因此我辞去所有的工作。因为我年仅 17 岁，所以我妈妈得写一封许可书让我踏上旅程。我在口袋里装了 1400 美元，并带着两只帆布袋，绑一只放满地图的鞋盒子在我的后座，一只保护用的笔形手电筒和满腔狂热，动身前往阿拉斯加。

那次冒险之后，我再也无法骑着我的摩托车再走访同样的那些路、那些山、那些森林和那些冰水。因为在 23 岁时，一个司机酒后驾车把我撞翻，使我半身不遂。我住了 8 个月的医院。离了婚，我不可能返回原来的工作岗位，并且得学习如何应付长期的痛苦和面对轮椅，我看见所有的梦想都离我而去。但幸运的是，人们的帮助和支持使我有了新梦想，并让我实现了那些梦。

在事故发生后，我回去担任文书工作，买了房子，又结了婚。同时，我拥有了自己的咨询事业，并成为演说专家。此后，每当遇到困难时，我会提醒自己想做一件事情就要把它坚持到底！

百炼成钢

不能忘记那晚，灾难及挑战降临我家。我的哥哥乔治练完足球后回家，却因高烧患了小儿麻痹。医生出于责任感告诉我的哥哥："孩子，我不愿告诉你，小儿麻痹已使你伤残，以后你只有用跛脚走路，而且你的右臂将毫无用处。"哥哥几乎不能说话，他低吟道"医生……"医生靠近床边说"我的孩子，你想说什么？""我不相信这是事实！"哥哥以坚决的语气说。

第二天，护士走进房间时，发现哥哥脸朝地板趴在地上。"怎么回事？"护士慌忙问道。"我正在走路。"哥哥冷静地回答。他拒绝使用任何铁制支撑或拐杖。有时他花费 20 分钟才离开椅子，但是他拒绝任何的建议或帮助。我曾看过他用正常人举起 100 磅（一磅约等于 0.45 千克）哑铃的力气去举起一个网球。我也曾看过他走出病房踏在垫子上，好像一个摔跤队队长。接下来的几年里，哥哥靠着自己的毅力坚强地站立起来，练习走路。慢慢地，他的情况似乎有所好转。但是故事并未就此打住，在还没有完全站立起来的时候，他又患了白血球增多症。

命运之神似乎总在跟我的哥哥开玩笑，当他将要为一个唱片公司演唱时，他得了扁桃体炎，接下来是全身 40% 的皮肤三度烧伤以及肺衰竭。但是，屡次灾难过后，哥哥却更坚强起来，而且更相信他有克服障碍的能力。他曾说如果一个人只顾着看路上的障碍，那他就看不到目标和希望了。

终于，他进入了演艺圈，凭借自己创作和表演的天赋，他赢得了艾美奖。他曾被放在灾难的熔炉里锻炼，最后炼出了钢铁般的灵魂，并用它使一个国家获得了欢乐。

拆装汽车的克莱斯勒

几十年前，一位青年住在美国犹他州的首府盐湖城，靠近大盐湖。他是一个勤勉的人，工作非常努力，生活非常节俭，他所有的朋友都对他的良好习惯都赞不绝口。然而有一天，他做了一件反常的事，使得许多人都对着他摇头，怀疑他的判断出了问题。

他从银行里取出他的全部积蓄，一共有 4000 多美元。他带着这些钱去了纽约市汽车展销处，买了一部新车。在人们看来，这件事情似乎还不足以显示他的“愚蠢”，更有甚者，当他把新车开回家后，就在他的车库里顶起新车的 4 个车轮，开始动手拆卸汽车。他一个零件一个零件地拆着，直到整个车库摆满七零八落的汽车零件。他仔细地检查了每个零件，然后又把汽车装好，人们觉得他简直发疯了。克莱斯勒不止一次拆装汽车，而是多次把汽车拆卸零散，然后再把他装好，迷惑不解的人们开始嘲笑他了。

几年后，那些嘲笑过他的人又不得不改变对这个“疯子”的看法，并相信他有明智的见识。这个反复动手拆装汽车的青年就是沃尔特·克莱斯勒。

后来，沃尔特·克莱斯勒开始制造汽车了，他的产品引领了整个汽车工业。他在汽车这个领域里还做了许多有价值的改进和革新，他成功了。

没有人知道，今天的一个伟大想法或主意将走多远，或者，明天它将触及何人。但近乎所有成功的故事皆始于一个伟大的想法，这个想法滋养着人的信念。而许多拥有成功故事的人物，面对的是最大的逆境。成功意识戏剧般地把一个极普通的青年推入正在成长的汽车工业浪潮中，并且把他高高地推到浪尖上，使他用新观念领导他的整个领域。克莱斯勒的“疯狂”中蕴含着一种目的，一种方法。他的“确定的目的”有效地培养了他的成功意识，使他大胆开拓，走向成功的巅峰。

命运在自己的手里

一次，我去拜会一位事业上颇有成就的朋友，闲聊中谈起了命运。我问："这个世界到底有没有命运？"他说："当然有啊。"我再问："命运究竟是怎么回事？既然命中注定，那奋斗又有什么用？"

他没有直接回答我的问题，但他笑着抓起我的左手。他说先看看我的手相，帮我算算命。他给我讲了有关生命线、爱情线、事业线的话之后，突然对我说："把手伸好，照我的样子做一个动作。"他的动作就是举起左手，慢慢地而且越来越紧地握起拳头。末了，他问："握紧了没有？"我有些迷惑，答道："握紧啦。"他又问："那些命运线在哪里？"我机械地回答："在我的手里呀。"他再追问："请问，命运在哪里？"我像挨了当头一棒，恍然大悟，原来，命运就在自己的手里！

他很平静地继续道："不管别人怎么跟你说，不管算命先的人如何给你算。记住，命运在自己的手里，别人是不能给你算出来的，这就是命运。当然，你再看看你自己的拳头，还会发现你的生命线有一部分还露在外面，没有被握住，它又能给我们什么启示呢？命运绝大部分掌握在自己手里，但还有一部分掌握在'上天'的手里。古往今来，凡成大业者，'奋斗'的意义就在于用他（她）一生的努力去争取。"

男孩与大师的二重奏

著名的钢琴家及作曲家帕岱莱夫斯基，在美国某大型音乐厅的表演即将开始。那是一个值得纪念的夜晚，音乐厅里到处是身着黑色燕尾服、正式晚礼服的贵族人物。观众当中有一位母亲，带着一个烦躁不安的 9 岁男孩。小男孩等待音乐会的开始已经不耐烦了，他在座位上不停地蠕动着。母亲希望他在听过大师演奏之后，能对练习钢琴更感兴趣。可是，小男孩不愿意参加这样的音乐会。

在那位母亲转头跟朋友交谈时，小孩再也按捺不住自己的烦躁的情绪，从母亲身旁溜走。他被刺眼灯光照耀着的舞台上那演奏用的大钢琴和乌木座凳吸引了，竟一步步走上了舞台。在台下那些观众不注意的时候，他瞪大眼睛看着眼前黑白两色的琴键，把颤抖的小手指放在琴键上，竟然弹奏起了名叫《筷子》的曲子。

观众的交谈都停了下来，大厅内一片寂静，数百双不悦的眼睛一起向台上看过去。“把那男孩子弄走！”“谁把他带进来的？”“他母亲在哪里？”“制止他！”观众开始叫嚷着。

在后台，钢琴大师听见音乐大厅里传来的钢琴声，不知道发生了什么事情。他赶紧抓起外衣，跑到台前，一言不发地站在男孩身后伸出双手，即兴地弹出配合《筷子》曲调的一些和谐的乐音。两人同时弹奏时，大师在男孩耳边低声说："继续弹，不要停止，不要停止！"

在生活中，我们努力做事情时，就像小孩在大演奏厅中弹奏《筷子》一样。就在我们快要放弃时，忽然会"大师"出现，弯下腰低声对我们说："现在继续弹下去，不要停止。"这种"继续下去，不要停止"的精神鼓舞下，我们也会奏出那些令人赞叹的"乐章"。

这位"大师"就是你坚定的信念，或是你坚韧不拔的毅力，以及你战胜逆境的热情。总之，这位"大师"应该是你对成功的不懈追求。

游向彼岸

当别人问起我的口头禅时，我会不假思索地说："坚持就是胜利。"当看到同学遇到困难退缩时，我会告诉他："坚持就是胜利。"当我躺在床上觉得害怕，不敢面对黑暗时，我会鼓励自己说："再过一会儿就是白天，坚持就是胜利。"因为我时时刻刻记着"坚持就是胜利"这句话，所以我受益匪浅。

一个阳光明媚的早晨，妈妈一大早就把我叫起来，并对我说："今天我带你去游泳馆练习游泳。"听了这句话，我顿时愣住了，游泳对于我来说是一件多么困难的事啊！但是没办法，妈妈硬拉着我来到了游泳馆，我看着那泳池里清澈的水就两腿直发抖。这时，妈妈看见我没有勇气下水，就把我抱起来放到了泳池里。妈妈看着我说："不要让别人看不起你，勇敢点！"我顿时充满了信心，开始了艰难的游泳练习。可是，游到了一半，我就失去了刚才的信心。正当我想要退缩时，我突然想到了我经常说的那句话——"坚持就是胜利"。想到这里，我坚持了下去，最终游到了向往的彼岸。

"水滴石穿"，小小的水滴经过常年累月可以将石头滴穿，那么，我们还有什么事情做不到呢？所以，我说"坚持就是胜利！"

不向大海屈服

在紧靠着海王神的国土上，一位牧人放牧着他的羊群。他在海边盖了一间舒适的小茅草屋，让羊群在这块富饶的地方吃草。他过着幸福的日子，不曾为贫困烦恼过，也不追求荣华富贵。他觉得像自己这样快乐的生活，许多国王可能都不曾享受过。

然而，一天天望着大海，牧羊人看着船上装满了各式各样新鲜而珍贵的东西，码头上堆着大量的货物，以及货物的主人们的养尊处优，牧人就急切地想去海上碰碰运气了。他卖掉了自己的茅屋和羊群，买进了各种货物，装在一条小船里出发了。

牧羊人的经商活动是短暂的，因为大海变幻无常，小船刚走不远，海上就刮起了可怕的风暴。小船失事了，货物全部沉没了，他自己好不容易才挣扎着游到了海滩上。

他又重新当起牧人，不过有一点不同的是，他再也不是为自己劳动了，他成了雇工，干起了为邻居放羊的活。虽然海上的经商活动损失巨大，但牧羊人相信凭着时间和自己的耐心，一切都会好起来的。他省吃俭用，攒下了很多钱，这些钱足够他买起一群羊。终于，他又养了一群羊，又跟从前一样是羊群的主人了，并过着比以前更舒适的生活。

有一天，太阳照耀着坐在沙滩上的牧羊人，羊群在他旁边吃着草。他仔细打量着大海，大海还是那么平静地躺在那里，蔚蓝的海面上没有一点涟漪，巨大的船只顺利地向码头驶来。“我的朋友，”他冲着大海喊道，“你还想吞没更多的钱财吗？休想吧！你找别人去吧，找那些意志还不坚定的人吧，你已经把我搜刮过了。像我这样的傻瓜也许还有的是，可是你别想从我这里骗走一分钱了！”

虽然，海难夺走了牧羊人的财产，但他还活着，他的思想还活着。对他来说，有了这些与生俱来的“财富”就已经足够了，靠着自己的“财富”，牧羊人又振作了起来。

为儿子出书的母亲

约翰·图尔从十几岁起，就开始写一部小说。参军后，他仍然不停地修改这部小说，直到退伍前，他的小说才最终完稿。虽然约翰联系了很多出版商，却没人愿意出版这部小说。他们的回信礼貌而又冷漠，“写得很好，但读者不会喜欢这样的故事。”“谢谢，很抱歉，我们爱莫能助”……

在当时，约翰的小说确实比较有超前意识。小说中叙述的故事发生在新奥尔良，主人公是一个穿越时空，从中世纪来到现代社会的人。读了他的小说，朋友们都说故事太虚幻了，难怪没人愿意出版。但约翰的妈妈图尔太太却不同意别人的说法，她坚信儿子的才华，“这是一本了不起的好书！”她总是这样对约翰说。母亲帮约翰把小说稿寄给一家又一家出版社。然而，8 年过去了，约翰的书稿仍旧无人问津，他决定放弃努力。他的母亲却没有放弃为儿子出书的努力，她继续替儿子向出版社寄送着书稿。

一个偶然的机会，图尔太太听说路易斯安那大学成立了一个校内出版社，她想：或许他们愿意出一本关于新奥尔良的书？抱着试一试的想法，图尔太太把书稿寄给了大学出版社。结果，他们同意出版约翰的书。编辑给约翰的书取名《笨伯联盟》，第一版只印了不到 1000 本。出版社的最高期望是“只要不赔钱就好”。然而《笨伯联盟》一问世，立刻被抢购一空。加印到4000册的时候，它已跻身于十多个畅销图书排行榜，被好几家权威媒体评为当时最佳读物。曾经拒绝过约翰的出版商，现在都主动找到图尔太太，纷纷出高价竞购《笨伯联盟》简装版图书的出版权。

紧接着《笨伯联盟》获得了普利策最佳小说奖——小说界最权威的奖项之一。图尔太太替儿子奔波了这么多年，现在还要替儿子办最后一件事，那就是参加普利策颁奖典礼。

约翰母亲的努力，终于使自己儿子的梦想实现了。因为受不了一次次被出版商拒绝的打击，约翰在他32岁的时候结束了自己的生命。他在遗书中说自己是一个没有才华的失败者，是个被世界遗弃的人。但约翰忘了还有最后一个不曾放弃他的人，就是他的母亲。

一根手指和一座桥

横跨曼哈顿和布鲁克林之间河流，有一座布鲁克林大桥，是一个地道的工程奇迹。

1883 年，富有创造精神的工程师约翰 · 罗布林，雄心勃勃地准备着手这座雄伟大桥的设计，而桥梁专家们却劝他趁早放弃这个天方夜谭般的计划。罗布林的儿子，华盛顿 · 罗布林，一个很有前途的工程师，确信大桥可以建成。父子俩开始构想建桥的方案，琢磨着如何克服种种困难和障碍。他们设法说服银行家投资该项目，然后，他们怀着无可遏止的激情和无比旺盛的精力组织工程队，开始建造他们梦想中的大桥。然而，大桥开工仅几个月，施工现场就发生了灾难性的事故。约翰 · 罗布林在事故中不幸身亡，华盛顿的大脑严重受伤，无法讲话也不能走路了。谁都以为这项工程会因此而泡汤，因为只有罗布林父子才知道如何把这座大桥建成。尽管华盛顿 · 罗布林丧失了活动和说话的能力，他的思维还同以往一样敏锐，幸运的是他还有一根唯一能动的手指。

一天，他躺在病床上，忽然冒出一个想法，他想出了一种能和别人进行交流的密码。她唯一能动的是一根手指 。于是，他就用那根手指敲击他妻子的手臂，通过这种方式由妻子把他的设计意图转达给仍在建桥的工程师们。整整 13 年，华盛顿就这样用一根手指发号施令，直到雄伟壮观的布鲁克林大桥最终建成。

强烈的愿望使人施展全部的力量，尽力而为即是自我超越，这比做得好还重要。胜利与失败之间的差距并不似人们想象的那么大，仅仅一念而已。

欲望可以使一个人的力量发挥到极至，也可以逼得一个人献出一切。凡是能排除所有障碍的人，常常会屡建奇功。我们所做的每一件事情，都应当充分发挥我们的能力。不论是参加考试、做工作报告或参加运动竞赛，都应当如此。当我们尽力施展一切时，生活就很踏实。如果没有付出最大的努力，我们就会后悔没有尽全力,那是很可悲的。我们可以成为胜利者，获胜的经验越多，就越具备胜利者的特征。

决心取代绝望

很久以前，一个珠宝商人带了自己的珠宝乘船在海上航行。海上风平浪静，商人看着平静的海面，心想：大海这么平静，这是一个好兆头啊，我的珠宝肯定会卖个好价钱。他越想越高兴，于是，他拿出自己的珠宝箱，从里面挑出一颗最大最亮的珍珠美滋滋地欣赏起来。正当他看得起劲的时候，船突然抖了一下，商人的手也随着船一抖。一不小心，珍珠便从他的手中滑落下来，碰了一下船舷就掉到大海里去了。商人心疼地望着大海，就像挨了一个晴天霹雳。

商人回到岸上，拿了一只大木勺去舀海水，并把水泼到陆地上。他不知疲倦地干了三天。第四天，水怪从海里出来问他："你为什么舀海水呢？"商人说："我的珍珠掉进了大海里。"水怪问："你这样舀水什么时候才会停下来呢？"商人说："我要把大海舀干，找到我的珍珠。"

水怪听商人这么一说，不由得慌了神，心想：商人要把大海舀干了，我该怎么活呀。于是，它对商人说"你停下来吧，我到海里给你找珍珠！"商人听了这话才停了下来。水怪回到大海里，不一会儿，就见它捧着一颗又大又亮的珍珠送到商人面前。商人看着自己的珍珠，笑得合不拢嘴。

虽然这只是一个传说，但是它至少可以告诉我们一个道理。那就是，谁永远无法打败一个永不认输的人。一个人要把大海舀干，似乎很可笑，但是这种决心所产生的巨大力量是不可小觑的。正因为商人有了这种力量，水怪才低下了头。一个人只要坚持不懈，就可能达到别人无法企及的目标。

对于每个人来说，赢得胜利也许是十分困难的事，与其等待、祈求，不如立刻行动。在计划获得你的胜利时，你不要轻视梦想者，也不要轻易说："这不可能！"在这个世界上，你要赢得更多胜利，就必须做一个伟大的拓荒者，仅仅靠幻想是什么事情也做不成的，而向伟大的目标不懈努力的人一定会到达光明的顶点。

琼斯的“法宝”

琼斯身体很健康时，他工作十分努力。他是个农夫，在美国威斯康辛州经营一个小农场。他对自己的生活现状感到很满意，日子就这样年复一年地过去了。到了晚年的琼斯患了全身麻痹症，卧床不起，几乎失去了生活能力，可他却没有怨天尤人。是的，他的身体是麻痹了，但是他的心理并没有受到影响。他能思考，并做出了自己后半生的计划。

有一天，正当他致力于思考和计划时，他认识了那个最重要的人——他自己和他的法宝——积极的心态，是这些让他在晚年的时候成了一个大富翁。琼斯积极的心态使他满怀希望，乐观向上，他把自己的计划讲给家人听。“我再不能用我的手劳动了，”他说，“所以我决定用我的心从事劳动，如果你们愿意的话，你们每个人都可以代替我去劳动。让我们把农场的每一亩可以耕种的地都种上玉米。然后我们就养猪，用所收的玉米喂猪。在猪还幼小肉嫩的时侯，我们就把它宰掉，做成香肠，然后把它包装起来，用一种牌号出售。我们可以在全国各地的零售店出售这种香肠。”他微微一笑，接着说道：“这种香肠将像热糕点一样出售。”家人觉得琼斯的想法很不错，就按他说的去做。果然，这种香肠像热糕点一样很畅销！几年后，“琼斯仔猪香肠”走进千家万户，成了最能引起人们胃口的一种食品。

成功者是积极主动的，失败者则是消极被动的。成功者常挂在嘴边的一句话是：有什么我能帮忙的吗？而失败者的口头禅则是：那不干我的事。琼斯在有生之年看到自己成为百万富翁，但他还取得了比财富更大的成就，那就是找到了“积极的心态”这个法宝。因此，他克服了生理上的重重障碍，成为有用的人。

成功的座右铭

“有自信，命就好！”人最大的敌人，常是自己！没有自信心，等于一座房屋“有栋无梁”，十分脆弱；而充满自信，则可以“化渺小为伟大，化平庸为神奇！”

台北市华西街是一个风景区，也是以“观光夜市”闻名的街道，许多观光客来台湾，都会到华西街一游，尤其“卖蛇店”更是十分有名。郭懿坚，从小住在华西街，他的父亲就是“亚洲蛇店”的老板。可是他说，小时候，他和姐姐在学校填家庭联络资料时，都不敢写家里华西街真正的地址，而是以一个假的地址来代替。因为，同学们听到华西街时，总是以异样的眼光来看他，让他觉得住在华西街很丢脸。由于自己家开的是蛇店，郭懿坚每天看着卖蛇的人借助嘴上的麦克风，大声地叫卖：“来来来，大家过来看，这只蛇又大又长，蛇肉很香，还可以清血、解毒……”而电视媒体也经常到华西街家中来拍摄、采访，所以郭懿坚小时候就对摄影机及传播媒体很兴趣。

在当时，他迷上了无线电，常借着无线电和朋友通讯。虽然郭懿坚后来学的是建筑专业，可是毕业后，他拿着120万元资金开设了一家摄影公司，从事拍婚丧喜庆的经营。不久，政府开放广播频道，郭懿坚申请到频道，并宣布“亚洲电台”开播。或许很多人没听过“亚洲电台”，因为它只是个地区电台。

但在短短一年半的时间，“亚洲电台”的业务蒸蒸日上，成为所在地排名第一的电台。也许有人会说，赵少康的飞碟电台更棒，中广、警广、台北之音……更有名！然而，要从一个默默无闻的华西街卖蛇小孩，在竞争激烈的广播环境中，独资开创出一个“广播王国”，实现广播大梦，的确是很不容易，而年仅30岁的郭懿坚做到了！

好命运是要由自己来创造的。有些人虽然像郭懿坚一样出身卑微，但只要凭着自信和努力，自然也会有好的命运。人们会成功，常因为他们有坚信自己会成功的意志，并把自己做的事情坚持到底。然而，人们会失败，因为他们不相信自己，不能坚持到底。因此，人们最大的敌人是自己。没有自信心，就像一座房屋没有支柱，一定十分脆弱。而充满自信，则可以“化渺小为伟大，化平庸为神奇”，实现广播梦的郭懿坚就是一个很好的例子。

断指战士

在200年前英国与西班牙交战的岁月里，直布罗陀要塞掌握在英国军队手中。这个地方地势险要，却只驻守着少量的英国军人。

一个夜晚，一个镇守要塞的英国司令独自一人到各个炮台进行视察，看看有无防备方面的疏漏。当他来到一个军营前，他看见一个哨兵在自己的岗位上值勤。按说，哨兵看到将军来了，就会本能地举起毛瑟枪向将军致敬。然而，那个哨兵却纹丝不动。

将军觉得这个哨兵有点反常，他大声地问："哨兵，你难道不认识我吗？为什么不敬个礼呢？"哨兵答道："将军，我当然认识您。可是我腾不出手来，因为几分种之前，敌人的子弹打断了我右手的两个指头，我举不起枪了。"将军怎问道"那么，为什么不赶紧去把伤口包扎一下？""因为，"哨兵说，"一个值勤的士兵在有人接替之前是不能擅离岗位的。"

将军听了哨兵的回答，立即跳下马来。"喂，哨兵，把枪给我，让我替你值班，快去包扎伤口！"那名士兵服从了。但他先奔回营地，请另一名哨兵跑去把将军替换下来，然后才跑向战地医院。

由于失去了有用的手指，这名士兵再也不能灵活地使用自己的武器，他被送回了英国本土。英国国王乔治亲自接见了这名战士，为表彰他的忠诚尽职，破格晋升他为军官。

将军和哨兵都表现出了一种崇高的精神。哨兵忠于职守，自己的手被炸伤了还要坚持站岗；将军知道哨兵的手被炸伤后，不但没有责怪他没向自己敬礼，反而替哨兵站岗。哨兵坚持到了最后，得到了国王的嘉奖。这告诉我们，只要在多坚持一会儿，胜利就会到来。

一定要找到手表

一个农场主在巡视谷仓时，不小心将一块名贵的手表遗失在谷仓里，他找了很多遍都没有找到。于是，他就在农场的孩子中悬赏，只要他们找到手表将得到50美元的奖赏。

小孩们在重赏之下，都卖力地在谷仓里翻腾着。可是，谷仓里堆满了谷子和散乱的稻草，要在谷仓里寻找一块小小的手表,实在比登天还难。这些孩子忙到太阳下山仍然没有收获，许多孩子放弃了50美元的悬赏。只有一个贫穷的小孩，在其他孩子离开之后，仍然不死心地努力寻找，希望能在天黑之前找到那块手表。

天色慢慢地暗了下来，小孩虽然害怕，但他不愿放弃，还是不停地在谷堆和稻草中摸索着，突然他听见寂静的谷仓中有一个奇特的声音。那声音“嘀嗒、嘀嗒……”不停地响着，小孩立刻停下来，谷仓里就更安静了。“嘀嗒”声也格外清晰。小孩循着声音,终于在大而漆黑的谷仓中找到了那块名贵手表。

在成功的道路上，我们难免会遇到一些障碍，只有越过障碍才能直抵成功的终点。就像故事中孩子们纷乱地寻找手表一样，由于忙乱、嘈杂使许多孩子没能找到手表。而在谷仓安静下来之后，贫穷的小孩轻易就找到了名贵的手表。成功的法则其实很简单，而成功者之所以是少数，是因为大多数人都认为这些法则太简单了，而不屑去实践。故事中那个贫穷的小孩，为了获得奖赏，在其他孩子放弃后，他克服困难找到了手表。无论做什么事情，就像小孩在谷仓中寻找手表一样，只要你静下心来，并坚持下去就一定能找到自己那块丢失的手表。

坚持到底的报酬

许多人曾说过这样的话："为了成功，我曾试了不下上千次，可就是不见成效。"或许有些人曾试过八次、九次，甚至更多次，但因为不见成效，结果就放弃了再试的念头。

不知道你是否听过桑德斯上校的故事？他是"肯德基炸鸡"连锁店的创办人，你又知道他是如何建立起这么成功的事业吗？

桑德斯上校在65岁时才开始从事这个事业。当他拿到国家的第一张救济金支票时，金额只有一百零五美元，这让他十分沮丧。他不怪那个社会，也没写信去骂国会，而是心平气和地反问自己："我到底能为人们做出什么贡献呢？"后来他给了自己一个很好的答案：我拥有一个人人都会喜欢的炸鸡秘方。他又不停地想：不知道餐馆要不要？要是我不仅卖这份炸鸡秘方，同时还教他们怎样才能炸得好，这会怎么样呢？如果餐馆的生意因此而提升的话，那又该如何呢？如果上门的顾客增加，且指名要点炸鸡，或许餐馆会让我从其中提成也说不定。

好点子固然人人都会有，但桑德斯上校就跟大多数人不一样，他不但会想，且还知道怎样去实施。他开始挨家挨户的敲门，把想法告诉每家餐馆："我有一份上好的炸鸡秘方，如果你能采用，相信生意一定能够提升，而我希望能从增加的营业额里提成。” 很多人都当面嘲笑他：“得了罢，老家伙，若是有这么好的秘方，你干嘛还穿着这么可笑的白色服装？”这些话丝毫没有让桑德斯上校打退堂鼓，因为他相信自己会成功。他鼓足勇气，试着去说服第二家餐馆、第三家餐馆……。桑德斯上校的点子最终被接受，你知道他被拒绝了多少次吗？整整被拒绝了1009次之后，他才听到了第一声“同意”。在推销秘方的时间里，他驾着自己那辆又旧又破的老爷车，跑遍美国的大街小巷。困了就睡在车里，醒了就逢人便说他那些点子。他为人示范所炸的鸡肉，而自己只是匆匆吃上几口饭来对付饥饿的肚子。

在历经1009次的拒绝后，有多少人还能够继续下去呢？这也正是成功的可贵之处。如果你好好审视历史上那些成大功、立大业的人物，就会发现他们都有一个共同的特点：不轻易为“拒绝”所打败而退却，不达成他们的理想、目标、心愿就绝不罢休。

在权威面前

世界著名交响乐指挥家小泽征尔在一次欧洲指挥大赛的决赛中，按照评委会给他的乐谱在指挥演奏时，发现演奏中有不和谐的地方。他认为是乐队演奏错了，就停下来重新指挥演奏，但还没有达到理想的效果。这时，在场的作曲家和评委会的权威人士都郑重地说明乐谱没有问题，而是小泽征尔的错觉。面对着众多音乐大师和权威人士，他再三思考，突然大吼一声："不，一定是乐谱错了！"话音刚落，评判台上立刻报以热烈的掌声。

原来，这是评委们精心设计的测试，以此来检验指挥家们在发现乐谱错误并遭到权威人士"否定"的情况下，能否坚持自己的正确判断。前两位参赛者虽然也发现了乐谱有问题，但他们没有指出来。小泽征尔则不然，因此，他在这次世界音乐指挥家大赛中摘取了桂冠。

当你下定决心实现你的梦想时，小心我所知道的最危险的人——专家。有时候，他们会告诉你千百个理由，都只是要说明为什么你决意要做的事无法实现。一开始你不知道要如何进行你的构想，但你既然能有此构想，它就应该是可行的。而且如果你坚持这个构想，并能多次尝试，你会发现它确实可以实现。如果你能预想你完成创意时的情景，现实中就一定有完成它的方法，只要你有一份坚持就能找到这种方法。专家很少会仔细研究创意的可行性。有时候，你会听到这样的声音:“不要试了，这只会伤害你自己。”不被这样的声音迷惑，你就能坚持到底，实现自己的愿望。

一招定输赢

有一个 10 岁的小男孩，在一次车祸中失去了左臂，但是他很想学柔道。最终，小男孩拜一位日本柔道大师做了师傅，开始学习柔道。他学得不错，可是练了三个月，师傅只教了他一招，小男孩有点弄不懂。他终于忍不住问师傅："我是不是应该再学其他招法？"师傅回答说："不错，你的确只会一招，但你只需要会这一招就够了。"小男孩并不是很明白，但他很相信师傅，于是就继续照着练了下去。

几个月后，师傅第一次带小男孩去参加比赛。小男孩自己都没有想到居然轻轻松松地赢了前两轮。第三轮稍稍有点艰难，但对手还是很快就变得有些急躁，连连进攻，小男孩敏捷地施展出自己的那一招，又赢了。就这样，小男孩迷迷糊糊地进入了决赛。

决赛的对手比小男孩高大、强壮许多，也似乎更有经验。有一度小男孩显得有点招架不住，裁判担心小男孩会受伤，就叫了暂停，还打算就此终止比赛，然而小男孩的师傅不答应，坚持说："继续下去！"比赛重新开始后，对手放松了警惕，小男孩立刻使出他学的那一招制服了对手。最后，他赢了比赛，获得了冠军。

在回家的路上，小男孩和师傅一起谈起了每场比赛的每一个细节，小男孩鼓起勇气道出了心里的疑问："师傅，我怎么就凭一招就赢得了冠军？"师傅答道："有两个原因：第一，你几乎完全掌握了柔道中最难的一招；第二，就我所知，对付这一招唯一的办法是对手抓住你的左臂。"

缺点对于自己和社会来说都是一种伤害。但缺点中也可能含有促进自己的才能而造福社会的因素。其实，缺点与优点是共同存在的，在特定情况下缺点可以转化为优点，劣势也可转为优势。

耐性的收获

提起韦文军，人们总开玩笑说他是“马桶里飞出来的艺术总监”。虽然只是一句玩笑话，但它却简单概括了这位艺术总监的不寻常的经历。当有人问起他的发家史时，他毫不隐瞒的说：“我是刷马桶出身。”

记得刚从学校毕业的时候，他去了一家装修设计公司。他壮着胆子走进了公司罗老板的办公室，还没等他介绍完自己的情况，罗老板大吼大叫着要把他轰出办公室。韦文军并没有害怕，他把自己的作品放到总经理的桌子上。罗老板扫了两眼桌子上的作品，感觉还有点意思。于是，他耐着性子对韦文军说：“我们这里是无纸化办公，要求熟练操作电脑。”韦文军连连说：“我会，我会电脑！”在软磨硬泡下，罗老板答应试用他几天。没过几天，罗老板告诉韦文军离开公司，原来，罗老板看出他工作不是很熟练。三番五次的“摧残”，换了别人早就打退堂鼓了，偏偏韦文军是个天性倔强的孩子，他决心“赖”在这家公司不走了。韦文军对罗老板说，他只想学电脑，不要公司任何报酬，只要管他吃住就可以了，并且他每天为公司打扫卫生。罗老板最后提出个苛刻的条件，必须负责每天打扫公司的卫生间，包括刷马桶。韦文军二话没说，爽快地打赢了罗老板的条件。

从此，这家装修公司便多了一个忙碌的身影。韦文军每天要把近700平方米的办公场所的里里外外打扫个遍。从清晨一直干到中午，中午简单地吃过饭后就开始打扫厕所。等全面清洁工作做完后，一天的时间也就快过完了。余下一小部分时间，他便坐在别人电脑前，看着别人操作。等大部分人下班后，韦文军再收拾一遍员工们丢掉的垃圾。匆匆吃过晚饭，他趁着夜深人静看各种专业书籍，并且上机练习操作。

有天夜里，罗老板主动来找韦文军谈话，他推心置腹地说起自己。原来，他是哲学硕士，初到深圳的第一份工作竟然也是疏通下水管道，跟马桶结下了不解之缘。因为他当时看准了深圳这座移民城市装修市场的空白。于是，他放下书生架子做起疏通马桶的工作来，并由此攒下了励志创业的“第一桶金”。他还说：“我对你的无情实际是有情，希望你能在苦难中得到教训并有所收益！”最后，他对韦文军说：“强者会越强，弱者会越弱，一个人如果获得了成功，什么好事都会找到他头上。大丈夫立世，不应怨天尤人，人最大的敌人是自己啊！”

从那以后，公司任命韦文军正式上岗做设计师。时间一长，罗老扳发现韦文军的3D装修效果图画得好，中标率非常高。经过反复研究，他又发现韦文军色彩感觉特别好，马上提拔韦文军做了设计总管，还把公司一些重要的事情交给这个年轻人去做。后来，韦文军又被提升为艺术总监，专门负责为3D图纸的艺术效果把关。他的月薪被加到两万，并另有年终提成。

回想起自己一年前还在替公司刷马俑，韦文军感慨万千。两年之后，他带着自己积攒的50万元开了一家属于自己的装饰公司，还和罗老板成了感情深厚的朋友。重新提起过去的那段往事，他说刷马桶的经历是上帝对自己的一种恩赐，他会怀着感恩的心去看待这段往事。他告诉我们一个成功的道理：所谓能耐，就是能够忍耐和坚持！

推销饼干的女孩

自从玛奇塔13岁那年发现了推销的秘诀后，便在放学后挨家挨户推销饼干。原来害羞得要命的玛奇塔，后来竟变成卖饼干的高手。

对玛奇塔和她的母亲而言，她们的梦想就是能环游世界。玛奇塔的父亲在她八岁时抛下了她和母亲。之后，玛奇塔的母亲便在纽约当服务生糊口。

有一天，玛奇塔的母亲对她说:“我要努力赚钱让你上大学，等你大学毕业后，你就可以赚足够的钱让我们去环游世界，好不好？”因此，当13岁的玛奇塔从少儿杂志上得知，卖饼干最多的人可以带另一个人免费环游世界时，她就决定尽全力去卖女孩专用饼干，她要缔造史无前例的女孩专用饼干销售纪录！但仅有欲望是不够的，为了使梦想实现，玛奇塔知道她必须有个计划。

玛奇塔每天放学后穿着她的制服，随时随地请人投资她的梦想。她会在街上对过往的人说:“嗨！我有一个梦，借助推销饼干，我可以为我和我妈妈赢得免费的环球之旅，你要不要投资一打或两打饼干？”那年，她卖了3526盒女孩专用饼干，并赢得了她的环球之旅。从那时候开始，她又卖掉了42000多盒的女孩专用饼干，她还在全国各地的推销大会上发表演说，并在一部描述她冒险历程的迪斯尼电影中参加演出。

和其他心怀梦想的人比起来，玛奇塔并不很聪明，也不见得更外向大方。差别在于她发现了销售的秘决，那就是：要求、要求、再要求。许多人在没有开始做自己的事情之前就失败了，因为他们没有请求别人给他们想要的东西。

有一次，在一个现场直播的电视节目里，制作人决定给玛奇塔一个最困难的考验，他要玛奇塔把女孩专用饼干推销给另一位参加此节目的嘉宾。玛奇塔问这位嘉宾："你要不要投资一打或是两打的女孩专用饼干？""女孩专用饼干？我从来不买什么女孩专用饼干！"这位来宾如此回答，"我是联邦监狱的典狱长，每天晚上我要使 2000 名的罪犯乖乖入睡。"玛奇塔对这样的回答一点都不生气，反而很快地反驳道："先生，如果你肯买一些饼干，或许你就不会如此小气、愤怒及恶毒。而且，先生，我觉得这是个不错的主意，你可以带一些饼干回去给每一位犯人。"玛奇塔如此要求。这个典狱长马上开了一张支票。

坚持可以突破任何阻碍人们追求梦想的弱点与限制，它是一种能使你美梦成真的资产与行动。决心是一种态度，但坚持却是一种行动，一种绝不放弃的行动。你若要使美梦成真，就绝对要坚持。

蚂蚁和叶子

我是在阳光下遇到那只蚂蚁的。最初，我只是诧异着想要看看那样一只小小的蚂蚁，背着比它身体大三倍的树叶能走多远。于是，在正午的阳光下，我用了半个多小时，随着那只蚂蚁走了近 10 米——对它来说，该是一次万里长征了。然而，仅仅前进 10 米远不是它的目标，它要驮着那叶片攀上马路边的水泥台阶。台阶不高，约 20 厘米。对于这身高不过两毫米的蚂蚁来说，台阶绝对是一座高峰，而且它还背着庞大的叶片。

我看着它一次又一次地往台阶上爬，却一次又一次地摔下来。当数到第 13 次的时候，我有些怜悯它了，将它的负担轻轻卸下，替它安放在台阶上，想要安静地等它缓缓爬上来，傻傻地发现奇迹。蚂蚁却不领情：它不知道万丈高崖上有惊喜等着它，只知道那一直重重地压着它的宝贝不见了。看到它到处茫然地跑，不时伸出触角来，也许是在向同伴打听叶子的下落。这小小的蚂蚁，在丢了叶片后，就那样仓皇地奔走着。虽然，它的“宝贝”就那样神秘地躺在必经的路上等它。

在确定这不是一只敢于相信奇迹的蚂蚁后，我无奈地将叶片从台阶上取下来，轻轻放在它面前。它就拖着叶子向台阶上爬。有几次，我分明看到它要成功了，一阵风吹来，它的努力又白费了。这只曾经驮着比身躯大三倍的重物艰难爬行了

10米的蚂蚁，在第18次摔下来后，它只是安静地离开，再没有看那叶片一眼。我以为它是去寻找同伴。于是，我就守在叶片旁边，等它回来。很快，我的蚂蚁消融在了蚂蚁群中，我无法辨认出那只蚂蚁。

10分钟以后，它依然没有回来，也没有任何一只蚂蚁对我守着的那片叶子表示兴趣。也许那只卸了重负的蚂蚁，终于发现了那片树叶对它也并没有想象中那么重要。

正当我我失去了耐心准备离开的时候，出现了奇迹：我最后望那片叶子的时候，一只蚂蚁急急忙忙地奔向那片叶子。哦，就是刚才那只蚂蚁。看来，它是一定要把叶子运到台阶上去了。

有理想就行动

来自以色列和美国的两个年轻人一同搭船到异国闯天下。下了码头后，看着海上的豪华游艇从面前缓缓而过，两人都非常羡慕。以色列人对美国人说："如果有一天我也能拥有这么一艘船，那该有多好。"美国人也点头表示同意。

吃午饭的时间到了，他们都觉得肚子有些饿了，两人四处看了看，发现一个快餐车旁围了好多人，生意很不错。以色列人就对美国人说："我们不如也来做买快餐的生意吧！"美国人说："嗯！这主意似乎是不错。可是你看旁边的咖啡厅生意也很好，不如再看看吧！"两人没有统一意见，于是就此各奔东西了。

握手告别后，以色列人马上选择一个不错的地点，把所有的钱投资做快餐生意。他不断地努力，经过8年的用心经营，他很快就拥有了很多家快餐连锁店，积累了一大笔财富，他为自己买了一艘游艇，实现了自己的梦想。

这一天，他驾着游艇出去游玩，发现了一个衣衫褴褛的男子从远处走了过来，那人就是当年与他一起来闯天下的美国人马克。他兴奋的问马克："这8年你都在做什么？"马克回答说："8年里，我每时每刻都在想，我到底该做什么呢？"

两个同样怀有理想的人，在相同的时间里却有了截然相反的结果：一个人为了自己的理想付出了自己的努力，他成功了；而另一个人却一直生活在茫然的幻想中，8 年的时间里他一事无成。光有远大的理想是不行的，要努力去实施，还要有坚持到底的决心,否则理想就是空想。在理想的实现这方面，成功者的共性是，一旦锁定目标，就马上实施，不断拼搏，不实现理想决不停止。

你做哪只桶

一个青年人就要走向社会，为此他老是信心不足。临行前，青年人去看望他的爷爷，希望爷爷能给他一些忠告。爷爷说："我的菜地很久没有施肥了，今天你来得正好，帮我抬一桶粪到菜地吧。"爷爷找出那只粪桶装满了粪，然后叫青年人帮着抬。要不是爷爷请他帮忙，他是不会和爷爷一起抬粪桶的，太臭了，青年人简直受不了那股气味。施完肥，爷爷将粪桶洗干净了，但那股气味依旧存在，还是那么臭。

干完活，青年人要走，但爷爷说还有活要他干。爷爷找出一只水桶，对青年人说："你再帮我抬几桶水吧。"因为爷爷执意留他干活，青年人就不好意思说走了。从家到河边有一二里路，抬一桶水还真不容易。青年人懒洋洋地走到河边，他心里很不高兴。当青年人要把水倒进水缸里时，却发现缸里的水是满满的。看来，爷爷并不是缺水，而是想留他吃完饭再走。于是，青年人就留了下来。

吃饭时，爷爷叫青年人把酒桶拿来。青年人就把酒桶抱到爷爷面前，他揭了桶盖，扒开满桶的棉絮，从棉絮下取出那把酒壶，给爷爷斟了一碗酒，自己也斟了一碗喝。黄酒温温的，离碗很远就能闻到香味。在饭桌上，爷爷什么话也没有对青年人说。

午后，送青年人到路口时，爷爷说对他说："这三只桶，我是用同一棵树上的木头做成的，新的时候一模一样。后来，装酒的就成了酒桶，装水的就成了水桶，装粪的就成了粪桶。你想做哪一只桶呢？"青年人终于明白了爷爷叫他帮忙做活的用意：时间可以改变一切，只要坚定地做自己的事情，就一定能实现自己的愿望。

找回丢失的“谢谢”

一天早晨，我遇见小区里的一位老太太拎着一个西瓜，她走起路来摇摇晃晃的。我把她手中的西瓜接过来帮她拎着，和她一道回家。送老人回家后，我在报栏前停下来看报纸。不一会儿，老人气喘吁吁地过来。见了我很惊喜地说：“孩子，你还没回家啊？我有句话忘了跟你说。”她说她打开防盗门时才想起来这件事情。她正想对我说她已经想好的话，可她一着急竟然给忘记了。我让不要着急再好好想想，老人家终于想起来了，她说：“我应该向你说声‘谢谢！’，可是我忘了。”

我认识她的孩子，老太太上了年纪什么都忘。她经常把钥匙丢了，把家的位置忘了，甚至把自己丢在街上，还是别人把她送回家。可是，丢了一句微不足道的“谢谢！”，她却一定要艰难地把它找回来，这是她做人做事的准则。

这让我很惭愧，我想起了一年前的一件事。朋友从广州回来，送我两盒榴莲，这份情谊，让我十分感激。就在几个月前，我们无意中又和朋友谈到了榴莲。我说：“虽然榴莲那种气味让第一次吃它的人很不适应，也很不喜欢，但到后来人们还是会喜欢上它的。”朋友听了眼睛一亮。他道出了很长时间留在心里的心事。他说：“上次我送了你榴莲之后，好长时间没见你对这件事情做出反应。因为榴莲有一种特殊的气味，所以，它不是所有人都能接受的。我以为你是不喜欢榴莲才没有做出回应呢。”

其实，我并不是不喜欢，只是一时的疏忽给忘记了。我突然想起老太太向我说“谢谢！”的事情，心想：老太太真是一个坚持自己人生原则的人，而这也正是值得我该学习的地方啊。

不懈地追“求”

十多年前，我在火车上和一个来自香港的生意人聊天。他得知我是教员，向我发了一番感慨。他说：“内地人不爱用‘求’字，不好。我们香港小孩子读书，叫‘求学’。在学校毕业后，要‘求职’，你们这里，只怕是少了一个‘求’字。”当时，我对他的话并没有多深的体会。

去年，在电视上看一个婚介节目。男女双方见面后，交谈了一阵。在我这种局外人看来，这一对倒蛮般配。主持人向女士征询意见，她的回答却很干脆：“他说来做节目是偶然的，只是觉得有意思，就来了。我可是认真考虑后才来的。我们只能做一般的朋友。”原来，配不上对是因为有个很具说服力的理由：一个是来“碰”运气的，另一个是来“求”的，两个人的期望不在一个层次上，也就注定他们不能在一起。太相信运气，运气未必会偏爱你，再加上点傲气，运气就会对你敬而远之了。

我有个亲戚，他的宝贝女儿去年从一所重点大学毕业。孩子不仅学习成绩不错，还会弹一手好钢琴，可是至今仍在家中待业。我去亲戚家拜访，她和女儿总持一种愤世嫉俗的态度。她说：“我女儿是不会去做那种低层次的工作的。”母女俩就抱着这种“宁折不弯”的态度，耗去一年多的时间。

我再回忆那位香港朋友的话时，才感到那些话的确分量不轻。一个“求”字，有渴望的意思，也有坚持不懈的味道，但它并不代表乞讨，其他的表达方式都不能替代它。世上多少令人向往的东西，事业也好，爱情也好，都是在“求”中得到的，不“求”就不会得到自己想要的结果。

胜利的背后

俗话说："世上无难事，只怕有心人。"世界上很难办到的事情,只要人们用心去做,总是有可能成功的,坚持就是胜利。

不论做什么事，如不坚持到底，半途而废，那么再简单的事也做不成；相反，只要抱着锲而不舍、持之以恒的精神，再难办的事情也会迎刃而解。虽然，并不是所有的坚持都会取得胜利。比如，我们做一件事，虽然你尽了最大努力，没有一丝松懈，但迎接你的却仍是失败。但是，请你不要懊悔，因为尽管你是失败者，只要你努力去做好你应做的事，只要你尽了自己的力量，那么即使失败，你也是强者。

记得有一部日本电视剧，其中有一个片段：一位聋哑人在参加伤残人运动会时，因为搀扶另一位摔倒的老人而落在了最后，但是他依旧顽强地跑完了全程。这时，场上的观众响起了热烈的掌声，那掌声是对他顽强精神的鼓励，更是对胜利者的欢呼！虽然他听不到,但他脸上却分明显示出胜利者的喜悦。因为，他毕竟凭着自己不懈的努力取得了成功。一个人尽最大努力，获得他能力范围之内的最大限度的成功，他就是成功的人。苏联著名作家奥斯特洛夫斯基在半身瘫痪、双目失明的情况下，写出了不朽的著作《钢铁是怎样炼成的》。美国女作家海伦从小双目失明，耳朵又聋，但是她凭着坚强的意志，成了著名的文学家。万事贵在坚持。一个人具备了坚强的意志、耐心和恒心，他就取得了成功的一半，那么另一半在顽强努力下也就不难获得了。

“水滴石穿，绳锯木断”，小小的水滴经过常年累月尚可将石头滴穿，那么我们还有什么事情做不到呢？所以我们说，坚持一定能胜利。

再试一次

什么东西比石头还硬，或比水还软？然而软水却穿透了硬石，坚持不懈而已。

有个年轻人去微软公司应聘，而该公司并没有刊登过招聘广告。年轻人见总经理疑惑不解的样子，他就用不太娴熟的英语解释说自己是碰巧路过这里，就贸然进来了。公司总经理感觉这件事情很有意思，破例让他试一试。面试的结果出人意料，年轻人表现糟糕。他对总经理的解释是事先没有准备，总经理以为他不过是找个托词下台阶，就随口应道："等你准备好了再来试吧！"

一周后，年轻人再次走进微软公司的大门，这次他依然没有成功。但比起第一次，他的表现要好得多。而总经理给他的回答仍然同上次一样："等你准备好了再来试！"就这样，这个年轻人先后5次踏进微软公司的大门，最终被公司录用，成为公司的重点培养对象。

也许，我们的人生旅途上布满了沼泽和荆棘；也许我们追求的理想看起来很难实现；也许，我们需要在黑暗中摸索很长时间，才能找到光明；也许……那么，我们为什么不可以以勇敢者的气魄，坚定而自信地对自己说一声"再试一次！"呢?

再试一次，你就有可能到达成功的彼岸。

没有永远的失败

在美国有一个大学篮球教练，据说，他是全世界最顶尖的篮球教练，任何球队输了球，只要他去那里训练一季到两季就可以反败为胜，甚至可以赢得全美大学生球赛的总冠军。

有一个学校的篮球队很差劲，每年都输球，所以这个篮球队的学生一看到篮球场就想要躲掉。于是，这个学校的董事会决定要把全世界最棒的篮球教练请过来。这个有名的教练到学校之前，这个大学篮球队已经连续输了10场比赛。教练告诉那个差劲的球队过去不等于未来，没有永远的失败，只有暂时停止成功。他把我那套激励的方法全都用上了。这些学生说“听了您的话，我们有信心赢得以后的比赛！”于是，教练想尽一切办法凝聚这个团队的向心力，在第11场比赛之前，教练就说：“各位，你们有没有信心？”他们说：“有！”“我们这次会不会成功？”“会！”“这次会不会赢球？”“会！”

第11场比赛中场时间回到休息室，那个球队落后30分。球员都快哭出来了。这个教练就开始问了：“在座各位，请问你们觉得自己会输球吗？”他们说“不会”嘴巴讲“不会”，但心里始终回荡着一个声音：教练，这次我们能赢吗？。教练激励球员们说：“在座各位，假如今天篮球之神迈克·乔丹连续输了10场比赛，第11场比赛中场落后30分，你们觉得迈克·乔丹会不会放弃？”球员一致回答：“不会。”“你们觉得拳王阿里当钟声还没有响起来，虽然处于落后的状态，拳王阿里会不会放弃，各位？”“你们觉得发明电灯的爱迪生当他还没有发明出灯之前，请问各位，爱迪生会不会放弃？”“不会！”球员们回答，“不会，不会，不会……”

听了球员们的回答教练很欣慰，他突然问道：“请问米勒在没有完成比赛前会不会放弃呢？”球员们被这个问题问呆了，因为，他们从来没有听说过米勒这个名字。教练笑了笑说：“我只是随便说了一个球员的名字，大家之所以没听说过这个名字，是因为他没有赢得他的比赛，要想别人知道你们的名字就去赢得你们的比赛吧！”

教练的苦心没有白费，他指导的球队赢了对手6分，终于反败为胜赢得了比赛，他们兴奋地在球场上大声呐喊着。

我的洗衣心得

记的在很小的时候，就听爸爸妈妈说过“坚持就是胜利”。但是，一直没有体会到这句话的含义，直到有一天，我才真正领悟了这句话深刻的含义

那是一个星期天，我正在家里闲着没有事干。看见妈妈热火朝天的洗着衣服，我跑了过去对妈妈说：“妈妈我来帮你洗衣服吧！”妈妈同意了，我便认真地洗了起来。突然电话铃声想起来，妈妈接完电话说他有点事情便出去了，留下我一个人在家里洗衣服。以前都是妈妈帮我洗衣服，妈妈一走我心里就没底了。“怎么办，怎么办……”很多很多个“怎么办”在我眼前闪烁着，可最终我还是选择了把衣服洗干净。

嘿，你别说，那衣服看起来很好洗，可实际操纵起来便很困难。我拧开水龙头接满水，把盆子里装的衣服用力端到洗衣台上。我拿了肥皂，挽起袖子就认真地洗了起来。拿出一件脏衣服，打上肥皂，就用手搓了起来，一个个小肥皂泡从衣服上冒出来，一会儿就变成一大堆白沫子。那件原先脏兮兮的衣服，被我洗得干干净净。我又拿起一件衬衫，哎呀，那是我的衣服，可真脏啊！我学着妈妈平时洗衣服的样子，在领子上打上肥皂，然后用手使劲搓了起来。不一会儿，我的手就酸了，真想休息一下呀。可正在这个时候，我想起了妈妈告诉我的话

“坚持就是胜利”，便又开始认真地洗了起来。

经过我的努力，终于把衣服洗完了，还剩下一块小毛巾。我先把手巾放到水里，搓了搓，接着搓上肥皂，再继续，直到我搓得手巾上堆满了肥皂沫子。我把毛巾放到水里漂洗干净，使出全身的力气把它拧干。我把我辛辛苦苦洗的衣服晾了起来。看着自己的劳动成果，我很自豪，心想：衣服洗得真干净，我真不相信是我洗的。这时侯，我觉得自己是世界上最伟大的人。

通过这次简简单单的劳动，我领悟到不管做什么事情，只要你认准目标，坚持不懈地干下去，那你一定能把这件事情做成功！

等到第三声鸡叫

传说，有两个人偶然与一个神仙相遇了，神仙教给他们酿酒的方法，叫他们端午节那天把成熟、饱满的大米用冰雪初融时高山上流下的水浸泡，并注入千年紫砂土烧制成的陶瓮，再用初夏沐浴朝阳的新荷裹紧，密闭七七四十九天，直到凌晨鸡叫三遍后方才可以打开来喝。

像每一个传说里的英雄一样，他们牢记神仙的秘方，历尽千辛万苦，跋山涉水，风餐露宿，终于找齐了所有酿酒需要的材料，他们按照神仙说的方法去做，然后耐心地等待着那激动人心注定要到来的一刻。时间一天天地过去了，多么漫长的守护啊。当第 49 天到来时，即使酿成的美酒使两人兴奋得整夜都睡不着觉。他们一晚上都竖着耳朵听着鸡叫的声音。终于，远远地，传来了第一声鸡叫，悠长而高亢。又过了很长时间，依稀响起了第二声鸡叫，缓慢而低沉。等啊等啊，第三遍鸡叫声怎么来得那么慢，它什么时候才会响起呢？其中一个这样想。他再也按捺不住了，放弃了忍耐。他迫不及待地打开了陶瓮，但结果却让他惊呆了，瓮里面全是水，混浊、发黄，像醋一样酸，又像胆汁一般苦，还有一股难闻的怪味……怎么会这样？他懊悔不已，但一切都不可挽回，即使他跺脚、自责和叹息，瓮里也只是水。最后，他只有失望地将这汪水倒在地上。

而另外一个人，虽然心中的欲望像一把火一样熊熊燃烧着，让他好几次都想伸手掀开瓮盖，但刚要伸手，他又咬紧牙关挺住了。直到第三声鸡叫响彻云霄，东方一轮红日冉冉升起时，他才揭开了瓮盖，一股的酒香扑鼻而来，他尝了一口瓮里的酒，不禁感叹道："啊，多么清澈甘甜、沁人心脾的琼浆玉液啊！"没有等到第三声鸡叫的人只能眼巴巴地看着那一翁酒。

许多成功的人，他们与失败者的唯一区别，往往不是比别人付出更多的劳动，也不是有多么聪明过人的头脑和谋略。而只在于他们的韧性和耐心，在于他们多坚持了那一刻——有时是一年，有时是一天，有时仅仅是一声鸡叫。

“白痴”画家

有一个天生白痴的孩子，每个人见了他都会烦，包括他的父母。他整天哭闹，并且做出吓人的鬼脸。他的整个身体不停地扭动，没有人能够让他停止下来。父母必须24小时照顾他，否则他会破坏家里的东西。他每天只睡3小时，而且在这3小时里，还会突然醒来。他的父亲几次想把他送到社会福利院，就是无法下定绝心。

这个孩子6岁的时候，还说不好一句话，连背诵一个单词都十分困难。而且他开始不愿见生人。医生诊断后告诉他父母：“这可怜的孩子，他得了自闭症。”没有人能教育他，只得求助于康复中心。于是，父亲把他带到一家儿童教养中心。那里的老师也无法管教他，他不停地在课堂上发出尖叫，让其他儿童受到惊吓。他的手在不断玩东西，一刻也不休息，连睡觉的时候也在运动。老师说这样的孩子没救了，让他自生自灭吧。

有一天，孩子发现了地上有一支水笔，就用它在地上画一道线。然后，他不停地玩着这支水笔，不断在地上画着线条，没有人阻止他这么干。第二天起床后，他继续画。但是，细心的老师发现了他画的这些线条，惊呼：“天哪，他竟然会画画。”其实，这些线条并不是画，只是一个白痴儿童能画出圆形、方形的线条足以让人惊讶罢了。老师再也没有像往常一样夺走他手中的水笔，而是在地上铺上白纸，让他在纸上画，还给他不同颜色的水笔，让他尝试着用它们。这个白痴就一直抓着他的水笔，除了睡觉，其他的时间他都在做画线。没有人知道他是谁，他的世界里只有他和水笔。

10 年后，这个白痴的孩子在画画方面小有成就，他的画被人拿到了拍卖会上，结果意外地卖出去了，而且被许多资深的画家看好，就这样他一举成名了。他的作品在欧洲和北美展出 100 多次，已卖出 1000 多幅，每幅的售价是 2000 美元。这个“白痴”画家的名字叫理查 · 范辅乐，苏格兰人。

不怕嘲笑的小狗

小狗学会骑自行车了，而且，它特别喜欢骑自行车，它骑着自己心爱的自行车永远都不觉得累！

这天，小狗带着心爱的自行车到院子里去玩。蓝蓝的天上飘着白云，小狗心里真高兴。它骑上自行车，把自行车蹬得飞快。谁知，前面出现一块大石头，小狗一不留神摔了一个大跟头。这时候，小猪和小老鼠站在一旁哈哈大笑："小狗小笨蛋，小狗摔了个大跟头，小狗不会骑自行车。"小狗难过极了，他回到家，对妈妈说："我再也不骑自行车了！"

第二天，小狗又带着滑板车出去玩。小狗的玩滑板玩得特别好，它一脚踩在滑板上，脚一蹬地，滑板就"嗖"地蹿了出去，小狗玩得正高兴，却没注意到地上有一个小水坑，滑板一歪，小狗摔到了水坑里。这时候，小猪和小老鼠又站在一旁哈哈大笑："小狗小笨蛋，小狗摔了一身泥，小狗不会玩滑板。"小狗心理很难过，他回到家，对妈妈说："我再也不玩滑板了。"

第三天，小狗拿着跳绳出去玩。它也很喜欢跳绳，小狗跳绳可以连着跳一百下！它跳呀跳，它的力气越来越小。一不小心，它被跳绳绊了一下，跌倒在地上。这时候，小猪和小老鼠早已经笑得合不拢嘴："小狗小笨蛋，小狗被跳绳绊倒了，小狗不会玩跳绳！"小狗真难过，他回到家，呜呜地哭了。它对妈妈说："妈妈，我再也不玩跳绳了。"

妈妈奇怪地问："骑自行车、玩滑板和跳绳都是你喜欢的运动，怎么都不喜欢了呢？你到底怎么了？"于是，小狗把小猪和小老鼠嘲笑自己的事情告诉了妈妈。妈妈笑了笑问道："因为别人取笑你你就再也不做自己喜欢做的事了吗？那么，如果你走路摔倒了，是不是就再也不走路了呢？"小狗听了妈妈的话脸都红了，心想：是啊，如果我走路摔跤被小猪和小老鼠他们取笑的话，难道我就再也不走路了吗？

它终于明白了：不能因为别人取笑自己就放弃自己喜欢做的事情。它记住了妈妈的话，继续做自己喜欢的事情，再也不怕别人的嘲笑了。

曾经的流浪者

美国从事个性分析的专家罗伯特·菲力浦在办公室接待了一个因自己开办的企业倒闭、负债累累、离开妻女而到处流浪的人。流浪者进门打招呼说："我来这儿，是想见见这本书的作者。"说完，他就从口袋里拿出一本名为《自信心》的书，那是罗伯特几年前写的。流浪者继续说："一定是命运之神在昨天下午把这本书放入我的口袋中的，因为我当时决定跳到密歇根湖自杀了。当时，我仿佛把一切都看清楚了，认为一切都是绝望，所有的人，包括上帝在内已经抛弃了我。还好，我看到了这本书，使我对生活产生了新的看法。这本书为我带来了活下的勇气和希望，并鼓励我熬过了昨天晚上。我已下定决心，要找到这本书的作者，相信他一定能帮我再度站起来。现在我来了，我想知道你能为我这样的人做些什么呢？"

在流浪者说话的时候，罗伯特从头到脚打量着他。罗伯特看到流浪者茫然的眼神、满脸的皱纹、很长时间没有刮过的胡须以及紧张的神情，看起来他已经无药可救了。但罗伯特不忍心对他这样说。因此，罗伯特请他坐下来，要流浪者把自己的故事完完整整地讲出来。

听完流浪汉的故事，罗伯特想了想说："虽然我没有办法帮助你，但如果你愿意的话，我可以介绍你去见本大楼的一个人，他可以帮助你赚回你所损失的钱，并且协助你东山再起。”罗伯特刚说完，流浪汉立刻跳起来，抓住罗伯特的手，说道：“看在老天爷的份上，请带我去见这个人。”流浪者会为了找到可以帮助自己的人做这样的请求，说明他心中仍然存在着一些对生活的希望。于是，罗伯特拉着他的手，引导他去了自己从事个性分析的心理试验室，和他一起站在一块布前。罗伯特把那块布拉开，露出一面高大的镜子，流浪者可以从镜子里看到自己的全身。罗伯特指着镜子说：“就是这个人，世界上就只有这个人能够使你东山再起，但是你要坐下来，彻底认识这个人。否则，你只能跳密歇根湖，因为在你对这个人做充分的认识之前，对于这个世界来说，你都将是个没有任何价值的废物。”流浪汉朝着镜子走了几步，用手摸摸他那长满胡须的脸，并对着镜子里的人从头到脚打量了几分钟，然后，他后退了几步低下头，开始哭泣起来。过了一会儿，罗伯特领他走出电梯，送他离去。

几个月后，罗伯特在街上碰到了那个曾经的流浪者，他不再是一个流浪汉形象，而是西装革履，步伐轻快有力，头抬得高高的，原来那种衰老、不安、紧张的姿态再也看不到了。他感谢罗伯特先生，让他找回了自己，便很快找到了工作。

后来，那个曾经的流浪者真的东山再起，成为了芝加哥的富翁。

两只这样的脚

亚德里安娜·马西亚斯是墨西哥瓜达拉哈拉市的一名律师、作家和演说家。然而，令人震惊的是，亚德里安娜竟然天生残疾。她没有双臂，许多日常工作都是靠她的一双脚来完成！亚德里安娜用脚代替了她的双手，她的脚能够梳理头发，能够帮自己化妆，能够端茶杯喝水，能够在电脑上打字，甚至能够做穿针引线的缝纫。

虽然亚德里安娜没有双臂，但这并没有妨碍她拥有一个快乐的童年，也没有妨碍她长大后成为一名优秀的律师、作家和演说家。亚德里安娜在大学学的是法律，大学毕业后，她当了一名律师。尽管她没有双手，但她却完全可以靠一双灵活的脚来打字、写字，签署法律文件；尽管她没有双手，但她总是充满乐观，微笑待人。通过长期的训练，亚德里安娜的双脚和脚指头都能灵活的活动，就像手臂和手指一样灵活。甚至，她还像戴手镯一样在脚腕上戴了一副脚镯。普通人的戒指都戴在手指上，但亚德里安娜的戒指却都是戴在脚指头上。每当亚德里安娜坐在椅子上讲话时，她总是喜欢将脚在面前摆来摆去，就好像别人讲话时不断做手势一样。

亚德里安娜的父母一直担心，她的残疾会影响她的事业。然而令他们意想不到的是，亚德里安娜不但成了一名律师，并且还成了一名以身说法的作家和演说家。她的自传新书《没有双手照样成功》，讲述了她生活中的每一个快乐时刻和艰难时刻。

在过去10年中，亚德里安娜经常参加各种演讲会，向人们讲述她不向命运屈服、靠双脚创建美好人生的传奇故事。亚德里安娜的故事几乎感动了所有听过她演讲的人。她经常对人们讲，她最大的动力正是来源于那些听过她演讲的人们的反应，许多原本对生活悲观的人听了亚德里安娜的演讲后，都重新获得了对生活的信心。

其实，坚持就是一双灵活的手，他可以帮助实现自己心中那些愿望，可以给你带来意想不到的成功。

试着走另一条路

巴黎有个年轻的画家，他倾尽家产之后，在巴黎著名的艺术街上开了一家画廊，展示自己的作品。这条艺术街很有名，许多有名的画家都在这里展示作品，不少价值不菲的艺术品都是在这里被买走的。

画廊开张后，年轻画家才发现，这条艺术街上已有很多的画廊。除了几十家装饰特别讲究的知名画廊外，像他开的这种小画廊根本没有什么人光顾。苦苦支撑了几个月后，年轻画家决定关掉画廊。关门前的那天下午，心情烦闷的他来到街头一家小咖啡馆。望着来来往往、络绎不绝的客人，他一声不吭地喝着咖啡。他发现，这虽然是一家小小的咖啡屋，客流量却相当大。他脑子里突然闪过一个念头：为何不在艺术街上开一家咖啡屋呢？

一周后，艺术街上的一个角落又出现了一家小小的咖啡屋。虽然它并不显眼，但咖啡的香气足以吸引过往的行人。当人们走进咖啡屋坐下来喝咖啡的时候，惊奇地发现咖啡屋的墙上挂满了一幅幅精美的画。客人们边品尝可口的咖啡，边欣赏动人的画，他们被那些画深深地吸引了。年轻画家的咖啡屋在艺术街上一炮打响，来喝咖啡的人越来越多。喝咖啡的客人中有不少是艺术品投资者，纷纷问起这些作品的来历。不久，这间咖啡屋的老板是画家的消息在艺术街上传开了，年轻画家的咖啡屋名扬巴黎，他的作品也被抢购一空。

年轻画家一开始出师不利，是因为他过于乐观地估计了形势。在对手众多的情况下，如果自己的经营没有特色，很难在竞争中取胜。幸运的是,画家后来找到了不寻常的经营策略，利用咖啡屋老板兼画家的身份来吸引顾客，最后，它终于名利双收。创业过程中难免碰壁，这时，请不要沮丧，不妨换个角度，说不定就能闯出一条更宽阔的道路。

一定要跑到终点

1968 年 10 月 20 日晚上，墨西哥城阿兹特克体育场内结束了一天的比赛，观众们已经纷纷离场，工作人员也开始清理比赛现场，然而就在这时，体育场内发生的一幕让在场的所有人都停了下来，转而将目光投向跑道上。

他们看到了什么呢？只见开道的警车闪着灯驶进了赛场，一个黑人运动员腿上缠着绷带，跌跌撞撞地走进来，观众们面面相觑不知道究竟是怎么回事。后来，他们通过体育场的广播得知这个黑人运动员是今天参加马拉松比赛的一位选手，虽然马拉松比赛的颁奖在一个多小时以前就已经结束了，但他还是带伤坚持到了最后，在他冲过终点的那一刻，全场观众都为他热情的鼓掌，雷鸣般的掌声回荡在阿兹特克体育场的上空。

这个带伤坚持完成比赛的黑人运动员，就是来自坦桑尼亚的约翰·斯蒂芬·阿赫瓦里。当他跑到 19 公里的时候就因为眩晕而摔伤了腿，教练员劝他放弃比赛，但是他仍然凭借毅力跑完了全程。后来他在接受采访时说："我的祖国从 7000 英里外的远方把我送到这里，不仅仅是让我参加比赛的，更重要的是让我来完成比赛的。"

不知当时受伤后艰难的跑在墨西哥城大街上的这个坦桑尼亚人是凭借着怎样的力量完成这一壮举的，伤腿的痛楚和漫长的赛程竟然没有让他退却，反而让他一直坚持到最后。阿赫瓦里最终在所有 75 名参赛选手中排名第 57，排在他后面的选手，都是因为各种原因放弃比赛的。

奥运的魅力不仅仅代表了人类对运动成绩的追求，还在于它是一个展现世界各国运动员风采的舞台，它提倡“重在参与”，体现着奥林匹克运动的博大与平等。所以，虽然阿赫瓦里在运动成绩上不能与马克·施皮茨、卡尔·刘易斯这些名字相提并论，但是他对奥运精神的追求，他那因强烈民族自尊心而激发出来的爱国热忱，以及他在极其困难的条件下对比赛的坚持，使他成为奥运历史上一位著名的人物。他的坚持也是一种成功，他的事迹是“坚持就是胜利”最好的注释。

老和尚的教诲

老和尚带着小和尚出门行脚，无论行穿过茂密的丛林，还是翻山越岭，老和尚都走在前面，而小和尚背着行李紧跟在后面，一路上两人相互照应，结伴而行。

走着走着，小和尚心想：人活着就那么短短几十年，生命却必须经历生老病死，真苦啊！不过，既然要修行，就要立志当菩萨普度众生，因此我不能懈怠，要赶快修行才是。小和尚正这样想着，走在前面的老和尚突然停下脚步，面露笑容地回头对他说："来，包袱让我来背，你走我前面。"小和尚虽然感到莫名其妙，但还是按照照老和尚说的话去做了，他把包袱交给了老和尚，自己走在了最前面。

小和尚觉得不背包袱真是逍遥自在啊！他边走边想：要做佛经里说的菩萨必须顺应天下众生的需要而苦苦的修行，那真是太辛苦了！况且天下众生苦难那么多，到什么时候才能救得完呢？不如独善其身，过这种逍遥自在的日子！这念头一起，就听到老和尚很严厉地对他说："你停下来！"小和尚赶紧回过头，看到老和尚严肃的面容，他吓了一跳！老和尚将包袱拿给他说："把包袱背好，跟在我后面走！"小和尚又恢复了刚开始的想法：做人真苦！刚才自己还那么开心，一转眼的工夫就变得很难过，人的意念真是不稳定啊！看来凡夫俗子的决心很容易动摇啊，还是做个菩萨好，这样我就可以跟很多人结缘，做一些我做得到的分内之事了。

老和尚又面带笑容地回头招呼他，并将行李拿去自己背，请他走在前面。小和尚就这样反复着自己的两种想法，直到小和尚第三次产生恶念时，老和尚又用很严厉的态度对待他。小和尚终于忍不住心中的疑惑，问道："师父，您今天为什么一会儿要我走前面，一会儿又要我走后面呢？"老和尚说："你虽然有心修行，但是意志不坚定。感动时就大发感慨，不如意时就怨天尤人，这样进进退退，什么时候才能修成正果呢？"听到老和尚的话，小和尚感到很内疚。当他又产生了努力修行的想法时，老和尚要他走在前面，他就不敢了。他说："师父，这次我是真心想修行，我要修成正果普度众生！"老和尚听了很高兴，师徒二人有说有笑地并肩走着。

其实，很多人知道自己想要做什么，但要持之以恒的坚持自己的想法却不容易。两个和尚的故事告诉我们，有自己的想法还要把它坚持下去，这样在回忆自己所做的事情的时候就不会后悔。

出色的吉米

吉米是美国的一家人寿保险公司的保险员，他花掉自己的 65 美元买了一辆脚踏车到处去做保险业务。但不幸的是，他的业绩始终是一片空白。可是，吉米丝毫没有气馁，晚上即使再疲倦，他也要一一写信给自己在白天访问过的客户，感谢他们接受自己的访问，并请访问过的客户能够买他的保险，他写的每一字每一句都非常感人。可是，不管他怎么努力，也没有达到自己想要的效果。两个月很快便过去了，但吉米连一个顾客也没有拉到，他的上司也催他催得越来越紧。

劳累了一天的吉米回到家后，常常连饭都没心情去吃，一想到第二天的业务，吉米就发愁。晚上，他在日记中写道：从前，我以为只要一个人认真、努力地去工作，就能做好任何事情，但是，这一次我真的错了。因为事实显然并不是这样的！我每天辛辛苦苦地到处跑，可结果呢？68 天我却连一个客户也没有拉到。唉！看来我不合适干保险工作，不如换个地方找工作吧…… 看了他的日记，妻子劝他说：“再坚持一下，坚持下去就有盼头。”于是，他听从了妻子的劝告，继续干了下去。吉米曾想说服一个小学的校长，让他的学生全部投保险。然而，校长对保险却丝毫不感兴趣，一次又一次地把吉米拒之门外。在第 69 天时候，他再一次跑到校长那里，校长终于为他的诚心所感动，同意全校学生都买他的保险。

吉米终于成功了！不达目的誓不罢休，坚持不懈的精神使他后来成了一名很有名气的保险推销员。如果一个推销员，在推销过程中遭人拒绝和嘲笑时就畏惧、退缩甚至放弃，那成功怎么会找上门来呢？有坚持不懈、绝不放弃的心态，才有成功的那一天。

由于出现错误、遭受挫折和失败，有人就徘徊不前、半途而废；有人就唉声叹气、激流而退；有人则悲观失望、自暴自弃……然而，错误和失败并不因为人们的不快、悲叹、惊慌和恐惧而不再光临。相反，怕犯错误，怕失败，却往往会犯更大的错误，遭遇更多的失败。所以，对待错误和失败应该有科学的认识和正确的态度。

保险业怪才

史东是一个勇敢地面对困难，不达目的决不罢休的人，不认输的精神使他成为富翁，并被人们誉为“保险业怪才”。在史东幼年的时候，父亲就去世了，一家人靠母亲给人家缝衣服维持生活。为补贴家用，史东很小就出去卖报纸。

有一次，他走进一家饭馆叫卖报纸，很不走运地被老板赶了出来。于是，他趁餐馆老板不备，又溜了进去卖报。气恼的餐馆老板一脚把他踢了出去，可是他并没有因此而放弃。他只是揉了揉屁股，手里拿着更多的报纸，又一次溜进了餐馆。那些客人见他这种不达目的誓不罢休的勇气，劝主人不要再撵他了，并纷纷买他的报纸看。虽然他的屁股被踢痛了，但他的口袋里却装满了钱。

在他上中学时，他开始试着去推销保险业务。他来到一栋大楼前，当年卖报纸时的情形又出现在他眼前，他一边发抖，一边安慰自己：“如果你做了，是不会有损失的，而可能有大的收获。那就放手去做，并且马上就做！”于是，他走进了大楼，他想：如果被踢出来，就像当年卖报纸被踢出餐馆一样，再试着进去。但这次他没有被踢出来，还去了每间办公室。他的脑海里一直想着：“马上就做！”走出一间办公室，因为没有收获，他就担心到下一个办公室也会碰到钉子。不过，他毫不迟疑地强迫自己走进下一个办公室。他找到一个秘诀，就是立刻冲进下一个办公室，就没有时间因感到害怕而放弃了。在那天，有两个人买了他的保险。虽然就推销数量而言他是失败的，但他觉得自己是成功的，因为通过这次推销他有了极大的收获。

第二天，他共卖出了 4 份保险。而第三天，他共卖出了 6 份保险。就这样，史东开始了他的事业。在他 20 岁的时候，便设立了自己的保险经纪社。在经纪社开业的第一天，他就在繁华的大街上销出了 54 份保险。而更让人不敢相信的是，他居然有一天卖出 122 份保险的好业绩，如果以一天 8 小时来计算的话，史东每 4 分钟就成交了一份保险业务。

后来，史东成了一名拥有资产过百万的富翁。在谈到成功的秘诀时，他说，如果你能以坚定的、乐观的态度面对眼前的困难，并有不达目的誓不罢休的勇气，你就能从其中得到更多的好处。

其实，成功的取得，实质上就是不断战胜失败的过程。因为任何一项大小事情要想取得做成功，都会遇到困难，每人都难免要犯错误，遭受挫折和失败。努力去尝试，说不定会有意想不到的收获。

迟到的成功

俗话说：人过四十天过午。如果一个人年过半百，还会迎来事业、爱情的第二次辉煌吗？在常人眼里，这几乎是不敢想象的事。但有一个人却做到了，而且，她还是一个女人。

她是一名德国人，出生在一个商人家庭，自小喜欢上演员这个职业。在她 20 岁那年，因为天生丽质加杰出的演技，她被当时的纳粹头目相中，成为战争专用“宣传工具”。几年之后，德国战败，她因此受到牵连，被判入狱 4 年。刑满释放之后，她想重回自己喜爱和熟悉的演艺圈。然而，尽管她才华横溢、演技出众，由于自己在历史上有污点，主流电影媒介处处对她小心提防，甚至敬而远之，她的大好金色年华就这样付之东流水。一晃十几年过去，她的身份仍然走不出刑满释放囚犯的影子，没人敢起用她，没人敢收容她，甚至没人敢娶她，年近半百的她依然过着独来独往、形单影只的生活。

她的 50 岁生日就她处境惨淡的时候到来了。那一天，她大醉了一场，醒来之后，她突然做了一个谁也想不到的决定：只身深入非洲原始部落，搜集资料报道原始部落的生活情况。这之后的两年，她克服重重困难，顶住心理、生理上的巨大压力，拍摄了大量努巴人生活的影集，这些照片奠定了她在国内摄影界的地位。

她的奋斗精神和曲折经历深深吸引了一位 30 岁的小伙子，他和她是同行。共同的兴趣和爱好让他们超越了年龄隔阂，抛开外界舆论走到了一起。在接下来的近半个世纪的时间里，他们远离人间的一切是是非非，用理解和真爱，出入战火和内乱交困的非洲部落，深入大西洋海底世界探险。为了使自己的拍摄才华与神秘的海底世界融为一体，在 68 岁那年，她开始学潜水。随后,她的作品集中增添了瑰丽多彩的海洋记录，这段海底拍摄生涯一直延伸到她百岁高龄。最后，她以一部长 45 分钟的精美短片《水下世界》成为纪录电影的一个里程碑，也为自己的艺术生命画上了一个圆满的句号。

这位充满传奇色彩的女性，就是被美国《时代周刊》评为 20 世纪最有影响力的 100 位艺术家中唯一的女性。她的名字叫莱妮丽劳斯塔尔。她以前半生失足、后半生瑰丽的传奇经历告诉人们：成功没有时间表。只要时刻保持自信和奋斗的雄心，生命的硕果就会永远如影相随。

从困难中奋起

我最近读了一篇文章，题目叫什么我不记得了。这篇文章中，作者讲述了一个女孩从困境中奋起，把一个将要被人们放弃的班级引向了希望。

作者所在的中学，一直都以学生的学习成绩分成快班和慢班。快班的学生们个个都是尖子生，高中毕业时都可以上重点大学；而被分在慢班的学生们都对自己没有了信心，自暴自弃，眼看着要跌入谷底，却不懂得挣扎一番，老师也拿他们没办法。

有一次，学校举办了艺术节，邀请所有班级参加。慢班的学生却说：“参加什么艺术节呀！学校请我们慢班参加，明摆着是让我们丢脸！”但学习排在倒数第一的女孩说：“不要这样想，这次的艺术节也许就是我们的机会呢！让他们瞧瞧，我们慢班也不比其他班差。我参加！”“就你？班长都没轮得上，哪轮得上你，你要是把我们的脸丢尽了那就完了！”后来，小女孩坚持参加了艺术节。没想到的是，这个女孩得了艺术节舞蹈组的一等奖。虽然这个女孩子学习成绩不太好，但她的舞跳得非常好。经过这件事情，小女孩增强了学习的信心，她总是不断的鼓励自己。她想：我能得舞蹈第一名，可见我并不比别人差，我还要得学习第一名！慢慢地，小女孩的学习开始有所好转，几个月后，她不但超过了本班的第一名，还成了班级的第一名。慢班的同学们请她介绍自己的学习体会，她激动地说："学习没有捷径可走，重要的是相信自己，不管遇到什么情况都要坚持下去！"听了小女孩的话，全班响起了雷鸣般的掌声。在小女孩的带动下，原来的慢班被学校评为"优秀班集体"。没多久，这个班的整体成绩竟然超过了原来的快班的成绩。

女孩的进步让慢班学生重新看到了希望，也都开始努力了……在每次考试中，都会有几个人进入快班，慢班的人越来越少。更幸运的是，这所学校看到慢班的进步，就取消了分快慢班的规定。

其实，在一个集体中，总要有一个榜样来带领大家，其余的人才会看到方向，才会改变之前的麻木状态去努力！女孩最终成了全班人的榜样，让他们学会了从困境中奋起！

绝望中的希望

事情进行不顺利时，千万不要放弃，因为，事情总会有转变的时候，甚至会产生你想要的结果。

一个夏末秋初的日子，露丝在西部大草原一所教会的晚餐会上，遇到一名达科他州的农夫。露丝担任国内传导团教派委员会全国议长，在教会的协议会上发表讲话。晚餐会上，她坐在那位农夫的对面，很自然地同他聊了起来。他口齿并不伶俐,显然很不习惯应酬。露丝不知道他对什么样的话题感兴趣，她这样问道："今年的收成还好吗？""不好。事实上没有多少收获，我还算有一成的收成，我哥哥则完全没有。"露丝惊讶地问道："这是为什么呢？""是龙卷风做的孽。在10分钟内把我哥哥的一切都卷走了。"说完他就沉默了。"你怎么面对那么严重的状态呢？""你是问我怎么办吗？"他默默地想了一下说："我只是努力忘记而已。"

这个人多年来和大自然共同生活。和风、热、冷以及龙卷风共同生活，有过丰收，也碰到过欠收。他的工作就是守望着给我们提供一切的地球，这个优秀的农夫将龙卷风突然造成的灾害，视为人生的一个事实而平静地去接受。他并没有虚幻的想象，也不伤心地哭泣，而是决心下一次要获得更好的收获。不论在何种情形下他都会再站起来，继续前进，重新建造。他正是能称得上有积极态度的人，也是有强大的雄心，积极面对一切困难的人。他知道这个世界上的善最后会战胜恶。他相信自己终会发现解决问题的方法，一定会将困难克服。

“如果”“做不到”“不可能”……这些消极的语言一起向自己冲过来时该怎么办呢？这时候就要以“下一次”、“可能”等积极的语言来迎击。话说来容易，实行起来却并不那么简单，往往会困难重重。可是只要你不屈不挠地努力，积极思考，怀有信念，最后你一定能获得胜利，而且是巨大的胜利。然后学会如何做到乐观，就会懂得看起来受到破坏的东西，还有其创造性的一面。

这才是自己

伊笛丝·阿雷德太太从小就特别敏感而腼腆，她的身体一直很胖，而她的那张脸使她看起来比实际还胖得多。伊笛丝有一个很古板的母亲，她认为把衣服弄得漂亮是一件很愚蠢的事情。她总是对伊笛丝说："宽衣好穿，窄衣容易破。"而母亲总照这句话来帮伊笛丝穿衣服。所以，伊笛丝从来不和其他的孩子一起做室外活动，甚至不上体育课。她非常害羞，觉得自己和其他的人都"不一样"，完全不讨人喜欢。

长大之后，伊笛丝嫁给一个比她大好几岁的男人，可是她并没有改变。她丈夫一家人都很好，也充满了自信。伊笛丝尽最大的努力要像他们一样，可是她做不到。他们为了使伊笛丝开朗而做的每一件事情，都只会让她更退缩到自己的"壳"里去。伊笛丝有时候会变得紧张不安，躲开了她所有的朋友，她的心理很糟糕，甚至，她害怕听到门铃响。伊笛丝觉得自己是一个失败者，又怕她的丈夫会发现这一点，所以每次他们出现在公共场合的时候，她假装很开心，结果常常做得太过分。事后，伊笛丝会难过好几天。最后，她觉得再活下去也没有什么意思了，伊笛丝开始想自杀。后来，是什么改变这个不快乐的女人的生活呢？只是一句随口说出的话。随口说的一句话，改变了伊笛丝的整个生活，使她完全变成了另外一个人。

有一天，她的婆婆正在谈她怎么教养她的几个孩子，她说“不管事情怎么样，我总会要求他们保持本色。”就是“保持本色！”这句话！在那一刹那间，伊笛丝才发现自己之所以那么苦恼，就是因为她一直在试着让自己适合于一个并不适合自己的生活方式。

伊笛丝后来回忆道：“在一夜之间我整个人都改变了。我开始保持我自己的本色。我试着研究我自己的个性，自己的优点，尽我所能去学色彩和服饰知识，尽量以适合我的方式去穿衣服。主动地去交朋友，我参加了一个社团组织，这个社团起先规模很小，他们让我参加活动，把我吓坏了。可是我每一次发言，就会增加一点勇气。今天我所有的快乐，是我从来没有想到可能会得到的。在教养我自己的孩子时，我也总是把我从痛苦的经验中所学到的结果教给他们，那就是‘不管事情怎么样，总要保持本色！’”

一条路走到底

她说她只是卖茶的，也永远是个卖茶的。

1987年，她14岁，在湖南益阳一个名叫衡龙桥的小镇卖茶，1毛钱一杯。茶水盛放在一个个透明杯子里，上面盖块方方正正的小玻璃片遮挡灰尘。镇上的农贸市场人来人往，她的茶水小摊就设在市场旁边。因为她的茶杯比别人大一圈，所以卖得最快。没人清楚1毛钱一杯的茶水一天下来她究竟能有多少收入，但大家看到的是她总在欢欢喜喜地忙碌着。

1990年，她17岁，原来的同行要么嫌卖茶收入太低而早早放弃卖茶，要么赚点钱赶紧转行另谋出路。只有她，还在卖茶。只是，她不在小镇上卖了，而是把摊点搬到了益阳市里；不再卖最简单的从大茶壶里倒出的茶水了，改卖当地特有的擂茶。擂茶制作起来很麻烦，但也卖得上价，小杯3元，大杯5元。而不管大杯、小杯，她的杯子还是比旁人的都要“胖”一圈。所以，她的小生意还是那么红红火火。

1993年，她20岁，仍在卖茶。不过，她卖茶的地点又变了——在省城长沙，摊点也变成了小店面。店中央摆了一个根雕茶几，客人进门后，她总是泡上热乎乎的茶请客人品尝。客人尽情享受后出门时，或多或少会掏钱再拎上一两袋茶叶。不知会有多少商人能把一杯茶水坚持卖10年之久？但她做到了，长达 10 年的光阴里，她始终在茶叶与茶水间打转。而今，她已经拥有 37 家茶庄，遍布于长沙、西安、深圳、上海等地。福建安溪、浙江杭州的茶商们一提起她的名字，都会竖起大拇指夸个不停。

1997 年，她 24 岁，正是一个女人最美丽而成熟的年龄。事业有成又天生丽质的她成为一个远近闻名的人物，她甜美的笑容在一本知名财经刊物的封面上格外灿烂地绽放，在照片下面还写着一行文字：我的成功没有秘诀，只不过是一条道走到底。翻开那本杂志的第一页，就能读到有关她的详细报道。在文中的最末一段，她说了本文开头那一句："我只是个卖茶的，也永远会是卖茶的，"接着她又说，"我一定会一条道走到底。若干年以后，你会发现本来习惯于喝咖啡的国度里，也会有洋溢着茶叶清香的茶庄出现，那也许就是我开的……"

她的名字叫孟乔波，我认识她是在 2003 年 10 月 16 日。仔细看了她递给我的名片，我发现那上面印有香港和新加坡的茶庄地址，她果真已经把茶庄开到大陆以外去了！面对我采访时的一连串发问，她旧话重提：成功没什么秘诀，仅仅需要一条道走到底。

在小事中培养耐性

一位商界有名的女商人得了重病就要离开人世，于是，她年轻的女儿成了她公司的唯一继承人。没有任何经营和管理经验的女儿知道自己的母亲就要去世了，她哭得死去活来。她对母亲说：“您的公司可能要毁在我手里了！”

母亲听后笑了笑，从枕头下面取出一支没有用过的口红，说：“只要你能把它完整地使完，不要剩下一点红，公司就毁不掉！”在女儿不解的神情中，母亲走进了“天堂”。事后，女儿开始使用这支口红。以前，她使用过许多支口红，总是不会用到最后，就被她不耐烦地扔掉，然后再买新的。她知道自己是一个没有耐心的人，她母亲更知道这一点。然而这一回，她却听了母亲的话，坚持使用这支口红。渐渐地，能拧出来的口红都用完了，只剩下管儿里拧不出来的口红。她买来一支口红刷，蘸着管儿里的口红继续使用，尽管她感觉麻烦透了。最后，她真的完整地用完了这支口红，没有剩下一点红。她举着口红的空管儿，非常欣慰：原来，她也可以有耐心，她也可以坚持把一件事情做到底。忽然，她明白了母亲的用意，母亲是在用琐事培养她的成功者的品质，那就是：耐心和坚持！

几年过去了，母亲的公司不但没有毁在她手里，反而被她经营和管理得比以前还要红火。她用耐心和坚持战胜了一切困难，她成功了！后来，她有了自己的女儿。再后来，女儿上学了，女儿知道了外婆和母亲都是了不起的女人。她的女儿问她："妈妈，我怎样才能像外婆和您一样成功呢？"她听了笑了笑，从口袋里取出一块崭新的橡皮，说："只要你能把它完整地用完，不要剩下一点！"

有的时候，成功并不难，难的是我们不能拥有成功者的品质，而无法获得成功。那么，成功者的品质在哪里呢？其实，生活中每一件小事，就是我们培植成功品质的"小基地"，这个"小基地"培养出来的品质，可以让我们实现自己的梦想。

小鸟与毒蛇的较量

在现实生活中，很多人之所以失败就是因为没有瞄准一个目标，并持之以恒地走下去。而成功者则往往是由于瞄准了自己的目标，并坚持走到了最后。这个目标有时是从脑中一闪而过的灵感，有时是在恶劣的环境中长期积累生活常识。只要能瞄准一个目标，就能敲开成功的大门，哪怕你的力量微小，只要坚持，就一定能够到达胜利的彼岸。也许小鸟和毒蛇的故事会让你明白其中的道理。

在撒哈拉沙漠里，因为一连几个月不下雨，干燥的沙漠在阳光的炙烤下气温会越来越高，就是极能耐高温的蛇也得小心翼翼，不然就有被烤熟的危险。白天，蛇只能躲在沙子里，因为沙子的覆盖能使它避免阳光的直接照射，这样还可伺机捕捉猎物。如果必须走动时，蛇就将身子弯成“之”字形迅速前进，这样可以避免皮肤长时间与炙热的沙子接触，蛇就是以这种方式顽强地在沙漠里生存下来的。它的猎物都是些耐旱的小动物，有蜥蜴、甲虫，还有一些小鸟。可是，令生物学家不解的是，有一种类似于麻雀大小的鸟，它的生命力比蛇更顽强。因为鸟儿要到沙地上找食物,所以也不可避免地成了蛇的猎物。鸟儿不但要面对恶劣的自然环境，还要对付躲在沙子底下的蛇的袭击，如果它要生存下去，就必须战胜这一切。

当鸟儿扑扇着翅膀刚刚停在沙地上准备找食物之时，潜伏在沙子里的蛇猛地张开大口蹿了出来。眼看鸟儿就要成为蛇的食物了，可是，顷刻间鸟儿便从劣势转为优势，它在用自己的爪子一下又一下地拍击着蛇的头部，尽管鸟儿的力量有限，它的爪子对蛇的拍击似乎构不成什么威胁，并且蛇依然对鸟儿穷追不舍，但鸟儿并没有停止拍击。鸟儿一边躲闪着蛇的血盆大口，一边用爪子拍击着蛇的头部，其准确程度分毫不差。就在鸟儿拍击了一千多下时，蛇终于无力地瘫软在沙地上，再也爬不起来了。蛇口脱险的鸟儿停在沙地上从容地吃了一些甲虫类的食物后，才扑扇着翅膀慢慢地飞走了。

鸟儿和蛇的力量对比是悬殊的，生物学家唯一能得到的答案就是，鸟儿在经过长期的经验积累后，终于掌握了一套对付蛇的办法，那就是瞄准一个点——蛇的头部，并持之以恒地用爪子拍击。鸟儿以自己坚韧不拔的抵抗方式，在这次力量对比悬殊的较量中赢得了胜利。

意外的发现

每一种成功都始于一双善于发现的眼睛，更始于执着探索的心灵。我们常常慨叹没有机遇，但许多时候，机遇来临时并不会主动通知你，而是悄悄从你身边溜过。

在法国一家的化学研究所里，有一位名叫别涅迪克高级研究员。一次，在实验室里，他准备将一种溶液倒入烧瓶，一不小心烧瓶“咣当”落在了地上，糟糕！还得费时间打扫玻璃碎片，别涅迪克博士有些懊恼。

然而，烧瓶并没有破碎，于是，他弯下腰捡起烧瓶仔细观察，这只烧瓶和其他烧瓶一样普通，以前也曾有烧瓶掉在地上，但无一例外全都破咸了碎片，为什么这只烧瓶仅有几道裂痕而没有破碎呢？别涅迪克博士一时找不到答案，于是他就把这只烧瓶贴上标签，注明情况就把它保存了起来。

几个月后的一天，在别涅迪克博士走进实验室前，他看到一张报纸上的报道说市区有两辆客车相撞，车上的多数乘客被挡风玻璃的碎片划伤，其中一个司机被一块碎玻璃刺穿面部而进入口腔。别涅迪克博士一下子想到了那只裂而不碎的烧瓶。他走进实验室拿过那只烧瓶，只见那只烧瓶的瓶壁有一层薄薄的透明的膜。别涅迪克博士用刀片小心地取下一点进行化验，结果表明，这只烧瓶曾盛过一种叫硝酸纤维素的化学溶液，那层薄薄的膜就是这种溶液蒸发后残留下来，遇空气后发生了反应，从而牢牢粘贴在瓶壁上起到保护作用。因为无色透明，所以一点儿也不影响视觉。“如果这种溶液，用于汽车玻璃的生产中，以后再发生类似的交通事故，乘客的生命安全系数不就有保障吗？”

别涅迪克博士因为这个小小的发现而荣登 20 世纪法国科学界突出贡献奖的榜首。

为音乐而坚持

他 4 岁的时候，父母离异，是母亲含辛茹苦把他抚养成人。上小学时，他就爱上了音乐，渴望拥有一架自己的钢琴，但是，他知道母亲并不富裕，他不好意思开口。

有一天，母亲看出了他的心思，就对他说："孩子，只要你是真心喜欢音乐，妈妈会给你买钢琴的，但是你得向妈妈保证，一定要善始善终。"他很高兴地答应了母亲。他在幼小的心灵里暗暗发誓："我一定要对得起妈妈！"

高中毕业后，他没有能考上大学，母亲在一家物流公司给他找了一份工作，被他拒绝了。他说："妈妈，我的梦想是音乐。"于是，他去了一家酒吧做钢琴师，为那些在酒吧唱歌的歌手伴奏。他的钢琴弹得很好，但是没有谁在意他的表现，客人们的掌声都是送给歌手的。工作之余，他也写些歌词，自己谱上曲，自己演唱。他的心里装着自己的梦想，那就是有朝一日能被成为一名专业的歌手。

后来，一个偶然的机会，他被台湾著名的艺人吴宗宪发现，吴宗宪将他带到了自己的公司里，让他做音乐制片助理。在这期间，他不停地写歌词，结果他所写出来的歌往往是被吴宗宪搁置一旁，有的干脆招来一顿批评。

在一次次挫折面前，他有些失望，但是并没有动摇他对音乐的痴迷：我一定会成功的，总有一天，我的音乐会被人接受的，他这样鼓励自己。机会总是为那些一直努力的人准备的。一天，吴宗宪告诉他："现在有个机会给你，在10天内，写50首歌，自己再挑选10首，自己演唱。这样，他的第一张专辑问世了，整个华语乐坛立即为之轰动。

他就是周杰伦，当前华人中很受欢迎的一位歌手。

脚下的钢琴声

一个小男孩，在他10岁那年不小心触到高压线，他的双臂全被烧焦了，不得不截肢。经过这场灾难，男孩变得不爱说话，也不爱和其他孩子一起玩耍，整天把自己关在屋子里一个人发呆。母亲看到这些整天以泪洗面，她想：孩子这么小，就遭遇人生最大的不幸，将来的生活该怎么办？男孩的父亲觉得再不能这样下去了，必须教孩子学会独立。他不断开导男孩要坚强勇敢些，可男孩根本听不进去，他觉得自己完全是一个废人了，连最起码的生活自理都不能做到，活着还有什么意义？父亲眼看着男孩一天天消沉下去，他不希望孩子这样放弃生活，就对他说：“没有手这确实很不幸，但不能因为没有手就放弃自己！你是男子汉就要振作起来！”男孩被父亲的话深深地感动了，他开始变得坚定起来。男孩开始从悲观的情绪中走出来，自己学着用脚吃饭、穿衣，甚至还学会了用脚游泳。偶然的机会，他参加了残奥会，还拿了金牌，男孩高兴地冲着父亲喊：“爸爸，我做到了！”

可是，不久男孩又患上了过敏性皮肤病，医生说他以后不能再做一些剧烈运动了，他不能再游泳了。男孩想，既然不能游泳了，总还可以看看书吧，慢慢地男孩喜欢上了音乐。作为音乐制作人的父亲发现男孩在作曲方面有些天赋，就想培养男孩在这方面的潜力，可是，作曲离不开弹钢琴，没有手怎么弹啊？父亲对着男孩的眼睛说："孩子，别怕！世上没有做不到的事，只要有恒心就一定能做到，没有手就用脚弹琴吧！"于是，男孩开始试着用脚弹琴，男孩的脚一触到黑白琴键显得笨极了，但他没有灰心丧气。他每天除了吃饭，都要练上七八小时钢琴，时间长了，小男孩的脚都练肿了。母亲看到小男孩弹钢琴的情形很难过，就对男孩说："孩子，不行就不要勉强自己啊。"可是，男孩一想父亲以前所说的话，还是强迫自己要坚持练下去。

男孩很聪明，每练一次后，他就细心琢磨找出一些弹奏规律技巧。也许是男孩的坚持不懈感动了上天，努力没有白费，在父亲的指导下，男孩流畅地弹出了很多名曲。

只要你不放弃，上帝关上了这扇门，同时也会为我们打开了另一扇门，只要心中有梦想，就一定有实现它的那一天。

给我一双手

台湾残疾画家谢坤山似乎生来就和好运无缘，伴随他成长的似乎总是厄运，但他却把这当做是上帝对自己的恩典。由于家境贫寒，他的父母没钱供谢坤山读书，所以他很早就辍学了。不过，生活贫困也使他学会了坚强，很小就懂得父母的辛苦。从 12 岁起，他就到工地上打工，用他那稚嫩的肩头扛起了家庭的重担。然而，命运偏偏要捉弄这个懂事的孩子，总将灾难一次次降临到他的头上。16 岁那年，他失去了双臂和一条腿；23 岁时，一场意外事故，又使他失去了一只眼睛。随后，心爱的女友也悄然离他而去……

面对接踵而来的打击，谢坤山并不抱怨，也没有因此消沉。为了不拖累可怜的父母，也为了不拖垮这个特困的家，他毅然选择了流浪。他带着一身残疾离开了家，坚定地对抗着不公平的命运。在流浪的日子里，他一边忙于打工挣钱糊口，一边忙于公益活动来救助社会更多的不幸者。

后来，谢坤山渐渐地迷上了绘画，刚开始，谢坤山对绘画一无所知，他就去艺术学校旁听，学习绘画技巧。没有手，他就用嘴作画，先用牙齿咬住画笔，再用舌头搅动，嘴角时常渗出鲜血；少条腿，他就以“金鸡独立”姿势作画，通常一站就是几小时。他非常喜欢在风雨中作画，捕捉那乌云密布、寒风吹来的感觉。就在他最困顿的时候，一个名漂亮女孩，不顾父母的强烈反对，决心帮助谢坤山发展他的绘画事业。有了另一个人的帮助，谢坤山更加勤奋作画，到处举办画展，作品也不断地在绘画大赛中获奖。后来，他不仅有了一个美满幸福的家，还成了一位很有名的画家，同时也赢得了社会对他的尊重。他的传奇故事，在台湾早已家喻户晓，成为无数青年学习的榜样。有人问他："假如你有一双健全的手，你最想用它做什么？" 他笑着说："我会左手扶着画纸，有右手握着画笔痛痛快快地作画。"

其实，人活着像是在下棋，而与你对弈的是命运。即使命运在棋盘上占尽了优势，即使你剩下残局，你也不要认输，而要笑着面对，坚持与命运抗争下去。

宝贵的几分钟

我听过中学的一位老师弹《致爱丽丝》钢琴曲，在空旷的琴房里，那感觉很妙，音质的纯美是家中那套音响根本不能演绎出来的。我怀着很羡慕的心情，问她："如果我能这样熟悉地演奏这首《致爱丽丝》需要多长时间？"她微笑着回答："10分钟。"我说："这好像是在开玩笑吧？"她说："不，是真的，不过我说的是每天10分钟"。

其实，她并不是音乐老师，而是一位语文老师。她是在3年前才开始练钢琴的，他们学校那架钢琴是一家私人企业捐赠的，一直放在琴房里。学校曾经来过一个音乐教师，不过那位老师待了不长时间就走了。于是，她便成了这架钢琴的主人，每次课间10分钟，她就到琴房里练练，从最初的音阶开始。不过，她只有10分钟的练习时间，10分钟之后，她就得停止练琴，继续去给学生上课。

听了这位老师练琴的经验之谈，我想起一个故事。有一个小男孩练琴时每天坚持4小时。他的老师知道后，对他说："你不能这样练，马上停止。因为长大以后根本没有更多的时间来练琴，你应该养成习惯，一有空闲就练，即使几分钟也行。"他听从了老师的劝告，把练钢琴的时间分解到各个时间段。其他时间他用来写日记、制作标本、到草地上踢足球，而这一切，并没有影响他的琴艺。这个美国小男孩后来成为著名的诗人、小说家和极其出色的钢琴家，他之所以在各个领域取得出色的成绩，原因在于他能把自己的爱好分解到每天的时间中，他即使只有 5 分钟的空闲也会利用起来写几句诗，弹一首曲子。

几分钟的时间并不长，但如果能利用它并能成为一种习惯，这些短短的时间就有可能成就一个人，因为再大的事业和成就所需要的数年和数十年的时间都是由短短的几分钟累加起来的。当然这些应该是毫不拖延并加以充分利用的几分钟。

迪克的圣诞礼物

我曾经读过这样一则故事：玛丽安是个国小五年级的老师，她的班上来了一位名叫迪克的转学生。玛丽安老师第一眼注意到了这个特别的小男孩，她很不喜欢迪克，因为他的头发长长的、衣服脏兮兮的，而且身上还有一股臭味。说起小男孩的功课更是让老师头痛，每次批改迪克的作业，玛丽安心里就有点恼怒："怎么这么笨，作业涂涂改改的，写得乱七八糟！"玛丽安老师就用大红的笔，在迪克写错的地方画着一个又一个显眼的红圈。当然，玛丽安老师说不出说她对迪克的憎恶与讨厌，她只是不厌其烦地在迪克的作业本上画着红色的大圈，常常在发作业本的时候，玛丽安老师会听到其他同学对迪克的嘲笑声，还会看到那些鄙视的眼睛死死地盯着这个可怜的小男孩。小迪克实在不知道老师为什么不喜欢他？事实上，老师也不曾找他谈过话，更不曾到他家做家庭访问。

一晃，圣诞节到了，按照习俗，每小个小朋友都会准备一份圣诞礼物给老师。那是圣诞节放假前的最后一堂课，小朋友们都将包裹好的礼物放在教室里的圣诞树下，等待老师打开。玛丽安老师每打开一份精美漂亮的礼物时，脸上就会露出惊讶、兴奋的表情，小朋友们在一旁欢呼着，纷纷表达着自己对老师的圣诞祝福。最后，玛丽安老师看到了小迪克的礼物，它是用普通装三明治的褐色盒子包起来的，外表的包装，一看就很粗糙、丑陋，上面还写着“迪克送给玛丽安老师的礼物”的字样。当老师拿起这礼物时，全班学生都沉静下来，专注地看老师把它打开。里面会是什么礼物呢？玛丽安老师边想边打开了礼物盒子，盒子里有两样东西掉落桌上，一个是缺了几个小钻石的人造水晶钻石手镯，另一个像是在廉价店里买的“只剩半瓶的香水”。这时候，小朋友们传来一阵嘲笑声，玛丽安老师很是失望，但她没有勇气看着小迪克，只是顺手将手镯戴上，然后从香水瓶里挤出一两滴香水，故意大方地擦在身上，没多久，下课铃声响了，小朋友们急着回家过圣诞假期，“明年见！”

当所有小朋友都离开教室时，小迪克畏畏缩缩地走到老师旁边，轻轻地说：“老师，你身上的香水味好香，就像我妈妈生前的味道一样……而她的手镯，戴在你手上，真的很漂亮，我真高兴你会喜欢它们！”说完，他一溜烟就飞奔出教室。

玛丽安老师愣住了，原来被其他小朋友嘲笑的迪克是这么好的一个小孩子。他不计较别人的嘲笑，并把自己最好的礼物送给了老师，玛丽安老师望着小迪克远去的背影开心地笑了。

畅销的"防摇器"

31岁的安德鲁·戈登是一名普通的英国人。一个偶然的机会,戈登无意间发现酒吧的桌子下面垫着几张餐巾纸。原来,桌子脚与地面接触的部位不是很吻合，导致桌子总是摇晃，服务生只好在桌脚下面垫了几张餐巾纸。戈登觉得这事儿很有意思，于是，他开始构思一种小装置，用来调整桌腿长度，让桌子平稳。他当场找来一个装燕麦片的纸盒，开始尝试，直至找到合适的形状和厚度为止。后来，戈登改进了他的小装置，并将其命名为"桌子防摇器"。事实上，这个装置很简单，仅由8片塑料制成，可根据桌子的摇晃程度进行调整，对桌脚起到固定作用。虽然命名为"桌子防摇器"，但这一装置同样可以用来固定书柜、花架、床铺等一系列器皿和家具。

戈登兴奋地报名参加英国广播公司商业台的创意商机节目，当他拿着自己发明的装置向评委们解释时，评委席上爆发出一阵善意的笑声。节目主持人说，这是他听到的最荒诞的想法，有人甚至嘲笑地把这一创意称为世上最可笑的发明。从节目现场回来，戈登有些沮丧，觉得自己在大庭广众之下被嘲笑是一件很没面子的事。但有一点他深信不疑，那就是这东西的市场一定不小,因为几乎所有家庭和公共场所都有桌子、椅子，而只要有这些东西的地方就一定用得着自己发明的装置。

果然不出戈登所料，没有采用任何广告宣传的“桌子防摇器”，在短短一个月内就在网络上获得超百万次的点击率。人们纷纷表示要购买这种小东西，因为这种小东西是他们的家庭所必需的。渐渐地，戈登的客户越来越多，连英国王室都对这一小发明产生了兴趣，英国考试协会一次就订购了 20 万个“桌子防摇器”。

相信自己的存在是有意义的，就不会害怕任何嘲笑和困难。看看我们周围的人，就会发现，其实生活里有许多看似荒唐的行为中都存在着机会，我们所做的，就是像戈登那样. 哪怕全世界都在嘲笑你，只要自己认定了的事情，就一定要坚持下去。说不定，你的一种让人嘲笑的做法就是一种成功。

蜘蛛网的启示

智利北部有一个叫丘恩贡果的小村子，这里面临太平洋，北靠阿塔卡马沙漠。特殊的地理环境，使太平洋冷湿气流与沙漠上的高温气流终年交融，形成了多雾的气候。可浓雾也丝毫无益于这片干涸的土地，因为白天强烈的日晒会使浓雾很快蒸发干净。一直以来，在这片干涸的土地上看不到一点绿色。

加拿大一位名叫罗伯特的物理学家来到这里，除了村子里的人，他没有发现多少生命迹象。但他有一个重要发现——这里到处密布着蜘蛛网，这说明蜘蛛能在这里很好地繁衍、生存。为什么只有蜘蛛能在如此干旱的环境里生存下来呢？罗伯特把目光锁在这些蜘蛛网上。借助电子显微镜，他发现这些蜘蛛丝具有很强的吸水性，很容易吸收雾气中的水分，而被吸收的水分，正是蜘蛛能在这里生生不息的水源。

人类为什么不能像蜘蛛一样织网截雾取水呢？罗伯特在蜘蛛的启发下，脑子里冒出了这样一个想法。在智利政府的支持下，罗伯特效仿蜘蛛，开始研究一种人类的“网”。可是，他试了很多种材料都不合适，他试了一遍又一遍，终于研制出一种人造纤维网。他选择当地雾气最浓的地方把这些人造网排成阵。这样，穿行人造网的雾气就被拦截下来，形成大的水滴，这些水滴滴到网下的流槽里，就成了新的水源。

如今，罗伯特的人造蜘蛛网平均每天可截水 10580 升，不仅满足了当地居民的生活需要，而且还可以浇灌土地，这里已经长出了人们很少见到的鲜花和绿油油的蔬菜。

有时候，仔细的观察会带给你意外的收获，不断的努力会把你的想法变成现实。假如没有罗伯特一次又一次的试验，村子里的人怎么会看见那美丽的鲜花和绿油油的蔬菜呢？

一辈子只做一碗汤

我家门前有两家卖老豆腐的小店。一家叫“潘记”，另一家叫“张记”，两家店是同时开张的。刚开始，“潘记”生意十分兴隆，吃老豆腐的人得排队等候，来得晚就吃不上了。“潘记”的特点是：豆腐做得很实惠，而且口感好，给的量也特别大。相比之下，“张记”老豆腐就不一样了，首先是豆腐做得软，软得像汤汁，不成形状；其次是给的豆腐少，加的汤多，一碗老豆腐半碗多汤，所以，“张记”的门前冷冷清清。

有一天早上，因为我起床晚了，只好来到“张记”的豆腐店。我吃完了一碗老豆腐，老板走过来，笑着问：“豆腐怎么样？”我实话实说：“味道还行，就是豆腐有点软。”老板笑了笑，竟有几分满意的样子。我说：“你怎么不学学‘潘记’呢？”老板看着我说“学他什么呀？”我说“把豆腐做得实惠一点呀！”老板反问我：“我为什么要学他呢？”沉思了一下，老板自我解释说“我知道了，你是说，来我这边吃豆腐的人少，是吗？”我点点头。老板建议我两个月以后再来，看看是不是会有变化。

大概一个多月后，“张记”的门前的人多得排起了长队。我很好奇，也排队买了一碗，看看碗里的豆腐，仍然是稀稀的汤汁，和以前没什么两样，吃起来，也是从前的味道。老板脸上仍然挂着憨厚的笑，我也笑着问：“能告诉我这其中的秘诀吗？”老板说：“其实，我和‘潘记’的老板是师兄弟。”我有些惊讶：“那你们做的豆腐不一样呀？”老板说：“是不一样。我师兄做的豆腐确实好，我真比不上，但我的豆腐汤是加入好几种骨头，再配上调料，在经过12小时熬制而成，我师兄在这方面就不如我了。”见我还有些不解，老板继续解释：“这是我师傅特意传授给我们的。师傅说，生意要想长远，就必须有自己的特长。师傅还告诉我们，‘吃’的生意最难做，因为众口难调。人们的口味是不断变化的，即使是山珍海味，经常吃也会烦，因此师傅传给我们不同手艺。这样，人们吃腻了我师兄的豆腐，就会到我这里来喝汤。时间长了，人们还会回到我师兄那里。再过一段时间，人们又会来我这里。这样，我们师兄弟的生意就能比较长远地做下去，并且互不影响。”我试探地问：“你难道就不想跟师兄学做豆腐么？”老板却说：“师傅告诉我们，能做精一件事就不容易了。有时候，你想样样精，结果就会样样差。”

“张记”老板的这番话，让我明白了一个道理：人只要选好了一件事情，并坚持不懈地做好就很了不起了。

做出自己的决定

有这样的一个男孩，他的父亲是位马术师，他从小就跟着父亲东奔西跑，一个马厩接着一个马厩、一个农场接着一个农场地去训练马匹。由于经常四处奔波，男孩的求学过程并不顺利。

初中时，有次老师叫全班同学写作文，题目是长大后的志愿。晚上回到家，他写了七页纸的文字来描述他的志向，那就是想拥有一座属于自己的牧马农场。并且，他仔细画了一张农场计划图，上面标了马厩、跑道等位置。然后，在这一大片农场中央,还要建造一座豪宅。他花了好大心思才把报告完成。

第二天，他把自己的作文交给了老师。两天后，他从老师那儿拿到了批改后的作文，第一页上打了一个又红又大的问号，旁边还写了一行字：下课后来见我。充满幻想的他下课后带了报告去找老师："老师，为什么给我不及格？"老师回答道："你还这么小，不要老做白日梦。你没钱，没有家庭背景，什么都没有。盖农场可是个花钱的大工程，你要花钱买地、买纯种马，还要费尽心思去照顾它们。"他接着说："如果你肯重写一个比较符合现实志愿，我会重新给你打分数。"

这男孩回家后反复思考了好多遍，最后，他去征求父亲的建议。父亲告诉他："儿子，这是非常重要的决定，你必须自己拿定主意。”再三考虑几天后，他决定原稿交回，一个字都不改，他告诉老师：“即使拿最差的成绩，我也不愿放弃梦想。”

二十多年后，这位老师带领他的30个学生，到那个曾被他指责的男孩的农场野营一周。离开之前，他对已是农场主的学生说：“说来有些惭愧，你读初中时，我曾泼过你的冷水。这些年来，也对不少学生说过相同的话。幸亏你有这个毅力坚持自己的目标。”

能如此坚信自己目标的人真是少之又少，很多人不是将自己的目标放弃，就是把它变成了空想。小男孩的没有改变自己的决定，正是他的坚持让他实现了当时被老师认为很荒唐的想法。

往下三尺有黄金

最常见的失败原因，莫过于遇到困难就退缩，每个人都偶尔会犯下这个错。就像淘金一样，在往地下多挖一下就会看到金子，而往往会有人放弃。达比有个伯父也迷上了“淘金”，他一个人跑到西部去挖金矿，好实现他的发财梦。他领了一块土地，拿着铁锹和十字镐，动手找金字。苦干好几个星期后，他发现了亮晃晃的金砂，这也算是收获吧。但他没有机器把矿砂弄上地面上，便不声不响把金矿埋了。他回到自己的家乡马里兰州的威廉斯堡，把他走运的发现告诉了亲友。大家凑足了买机器的钱，把机器运到金矿场，达比也跟着伯父去挖矿。挖出来的第一车矿石被送到了冶金场提炼，结果证明他们挖到的是科罗拉多最丰富的矿藏之一。再多挖上几车的矿，他们就可以还清债务，之后钱就全属于他们自己了，那将是用不完的财富。

在他们的金矿正红火的时候，矿脉却找不到了。他们自己的机器不停地挖，拼死拼活想找到矿脉，结果却徒劳无功。最后，他们就此停工了。他们把器材以数百元的便宜价格卖给了一位旧货商，然后就回老家了。这位旧货商邀请了一位开矿工程师去看矿坑，做实地的地质测量。结果发现，原计划会失败，是因为矿主不熟悉“断层线”所致。据工程师的推断，矿脉就在达比停工处的下方3英尺，结果矿脉真的被工程师和旧货商找到了。旧货商知道在放弃之前找专家咨询，所以他从这个金矿赚取了上百万美元。

后来，达比先生在加入到人寿保险的销售行列之后，懂得了“往下三尺有黄金”的教训，在他做事失败后总是对自己说：“我只差三尺就挖到黄金了。所以，今后我请顾客买保险的时候，绝不会因为人家说‘不’，我就罢休。”

任何人成功之前，必然会遇到一时的失意，说不定也会失败几回。碰到不如意的事就退缩，是最简便的做法，有时候我们离成功只有一步之遥。

不要放手

一个农民，初中只读了两年，家里就没钱继续供他上学了。他辍学回家，帮父亲耕种3亩耕地。在他19岁时，他的父亲去世了，家庭的重担全部压在了他肩上。他要照顾身体不好的母亲，还有一位瘫痪在床的祖母。

改革开放以后，农田承包到户，他把一块水洼地挖成池塘，想用它来养鱼。但乡里的干部告诉他，水田不能养鱼只能种庄稼，他只好又把池塘填平。这件事成了一个笑话，在别人眼里，他是一个想发财但又非常愚蠢的人。

听说养鸡能赚钱，他向亲戚借了500元钱养起了鸡。但是，一场洪水后，所有的鸡都得了瘟疫，几天之内全部死光。500元钱对别人来说可能不算什么，可对一个只靠3亩耕地生活的他，简直是个天文数字。他的母亲受不了这个刺激，最后得了重病去世了。他后来酿过酒、捕过鱼，甚至，他还在石矿的悬崖上帮人打过炮眼，可这些都没有使他赚到钱。35岁的时候，他还没有娶上媳妇，即使是有孩子的离异女人也看不上他。因为，他只有一间土屋，随时有可能在一场大雨后倒塌。娶不上老婆的男人，在农村是没人看得起的。但他还想搏一搏，就四处借钱买了一辆手扶拖拉机。不料，还不到半个月这辆拖拉机就载着他冲入一条河里。他断了一条腿，成了瘸子。那拖拉机被人捞起来，已经不成样子了。他只好把它拆掉，当做废铁卖，村子里所有的人都说他这辈子完了。

后来，他却成了某个城市里一家公司的老板，并拥有两亿元的资产。现在，许多人都知道了他苦难的过去和富有传奇色彩的创业经历。许多媒体采访过他，许多报告文学描写过他。但我只记得这样一个情节——记者问他："在苦难的日子里，你凭着什么一次又一次毫不退缩？"他坐在豪华的老板桌后面，喝完了手中的一杯水。然后，他把玻璃杯子握在手里，反问记者："如果我松手，这只杯子会怎样？"记者说："摔在地上，碎了。""那我们试试看"他说。他手一松，杯子掉到地上发出清脆的声音，但并没有破碎，而是完好无损。他说："即使有10个人在场，他们都会认为这只杯子必碎无疑。但是，这只杯子不是普通的玻璃杯，而是用玻璃钢制作的。"

于是，我记住了那位老板和记者经典的对话。这样的人，即使只有一口气，他也会努力去拉住成功的手，除非上帝剥夺了他的生命。

不被聘用的原因

我的大学同学李明从美国回到中国，他是美国一家跨国公司中国区的总经理。我们一群死党聚到一起叙旧。谈笑间，众人对李明的成功都赞叹不已，有人问他在美国取得成功的关键是什么？他沉思片刻，说起他到美国之后的第一次求职。

那是一家大型零售连锁公司人事经理的招聘。经过重重考试，李明成为最后三名决赛者中的一个。三选一的竞争中，李明将准备工作做得一丝不苟，他期望能够凭借这一次应聘的成功迅速在美国站稳脚跟。面试是三个人同时进行的，考题异常简单：把一份紧急公文送到公司对面的一家酒店的公司谈判代表手中。三个人拿着相同的公文走出总经理办公室，向公司大门疾步走去。公司和谈判代表所在酒店只隔着一条马路，但在公司大门和马路之间是一片草坪，而公司大门恰巧对着草坪的中间部位。李明出了公司大门，沿着草坪旁的人行道向前跑去，他想用最快的速度绕过草坪，将公文送到酒店的谈判代表手中。一名竞争对手几乎并驾齐驱地和他一同向前跑着。跑出大约十几米，李明回头，发现另外一名竞争对手正穿越草坪向对面跑去。见状，李明改变了方向，也踏进草坪。最后的结果，那名一开始就横穿草坪的人第一个将公文送达，李明第二个送达，而一直坚持绕过草坪的人最后送达。

聘用结果很快就出来了：绕过草坪的人被聘用为人事部经理。总经理的解释是，虽然他是最后送送公文的人，但他能够坚持原则，这种原则第一的观念是 人事经理最应该秉承的；让李明诧异的是，穿越草坪，第一个将公文送达的人没被聘用为公司经销部经理，总经理的解释是，这种做事的方法虽然简便易行，但它是在践踏规则的基础上做到的；李明当然也是其中的失败者。

给我们讲完这个故事，李明感慨地说："看来做什么事情都需要一种坚持的精神，我第一次求职没有成功，就差'坚持'这两个字啊！"

勇敢站起来

罗伯特·巴雷尼小时候因病成了残疾，他妈妈的心就像刀绞一样，但妈妈还是强忍住自己的悲痛。她想：孩子现在最需要的是鼓励和帮助，而不是妈妈的眼泪。妈妈来到巴雷尼的病床前，拉着他的手说"孩子，妈妈相信你是个有志气的人，希望你能用自己的双腿，在人生的道路上勇敢地走下去！好巴雷尼，你能够答应妈妈吗？"母亲的话，像铁锤一样撞击着巴雷尼的心，他"哇"地一声，扑到母亲怀里大哭起来。从那以后，妈妈只要一有空，就给巴雷尼练习走路、做体操，常常累得她满头大汗。

有一次，妈妈得了重感冒，她想：我这个做妈妈的遇到困难不能退缩，一定要做好孩子的榜样。尽管她发着高烧，还是下床按计划帮助巴雷尼练习走路。黄豆般的汗水从脸上淌下来，她就用干毛巾擦擦，咬紧牙继续帮巴雷尼完成了当天的锻炼计划。

体育锻炼弥补了由于残疾给巴雷尼带来的不便。妈妈的榜样作用，更是深深教育了巴雷尼，他终于经受住了命运给他的严酷打击。他刻苦学习，成绩一直在班上名列前茅。最后，以优异的成绩考进了维也纳大学医学院。大学毕业后，巴雷尼以全部精力致力于耳科神经学的研究。最后，他终于登上了诺贝尔生理学和医学奖的领奖台。

不比别人差

童第周出生在浙江省鄞县的一个偏僻的小山村里。由于家境贫困，小时候只能向父亲学习文化知识，直到17岁的时候他才迈进学校的大门。

读中学时，由于他基础差，所以学习十分吃力，第一学期期末平均成绩才45分。学校劝他退学或留级。在他的再三恳求下，校方同意他跟班试读一学期。此后，他常常天不亮就在路灯下读外语；晚上熄灯后，他在路灯下完成一天的功课。功夫不负有心人，期末考试时，他的平均成绩达到70多分，几何还得了100分。这件事让他悟出了一个道理：别人能办到的事，我经过努力也能办到，世上没有天才，天才是用劳动换来的。之后，这也就成了他的座右铭。

大学毕业后，童第周去了比利时留学。在国外学习期间，他勤奋好学，刻苦钻研，得到了老师们的好评。获得博士学位后，他回到了灾难深重的祖国，在极为困难的条件下进行科学研究工作 。没有电灯，他们就在阴暗的院子里利用自然光在显微镜下从事切割和分离卵子工作；没有培养胚胎的玻璃器皿，就用粗瓷陶酒杯代替，所用的显微解剖器只是一根自己拉的极细的玻璃丝；实验用的蛙卵材料都是自己从野外采集来的。就在这简陋的“实验室”里，童第周和他的同事们，完成了若干篇有关金鱼卵子发育能力和蛙胚纤毛运动机理分析的论文。

解放以后，童第周担任山东大学副校长的同时，研究了在生物进化中占重要地位的文昌鱼卵发育规律，取得了很大成绩。到了晚年，他和美国坦普恩大学牛满江教授合作研究了细胞核和细胞质的相互关系，他们从鲫鱼的卵子细胞质内提取一种核酸，注射到金鱼的受精卵中，结果出现了一种既有金鱼性状又有鲫鱼性状的子代，这种金鱼的尾鳍由双尾变成了单尾。这种创造性的成绩居于世界先进行列。

渴望天堂鸟

瑞典的一个富豪人家生下了一个女儿，然而不久，孩子染患了一种无法解释的瘫痪症，丧失了走路的能力。但有一件小事改变了她的命运，让她重新站了起来。

有一次，小女孩和家人一起乘船旅行。船长的太太曾经告诉小女孩船长有一只天堂鸟，小女孩被船长太太所说的这只鸟给迷住了，她极想亲自去看一看。于是，小女孩叫保姆去找船长，自己在甲板上等待。可是等了很久，保姆还没有回来。小女孩等得不耐烦了，他叫船上的服务生立即带她去看天堂鸟。那服务生一心想帮助小女孩，拉着小女孩的手就要走，竟然忘了小女孩腿有残疾。就在这时奇迹发生了，小女孩因为过度地渴望见到那只天堂鸟，竟不顾自己腿有残疾，她拉住服务生的手，慢慢地走了起来。走了两步之后，小女孩大叫起来："我能走路了！我能走路了！"

从此，孩子的病慢慢地有了好转。女孩子长大后，又忘我地投入到文学创作中，最后成为第一位荣获诺贝尔文学奖的女性，她就是茜尔玛 · 拉格萝芙。

瓦特和蒸汽机

瓦特出生于英国的格林诺克，由于家境贫穷他没机会上学，先是到一家钟表店当学徒，后又到格拉斯哥大学去当仪器修理工。瓦特聪明好学，他常抽空旁听教授们讲课，再加上他整日摆弄那些仪器，他的知识慢慢地积累起来。

1764 年，格拉斯哥大学收到一台需要修理的纽可门蒸汽机，这个任务就交给了瓦特。瓦特把它修好后，发现这台机子工作起来很吃力，就像一个老人在喘着气负重行走，他觉得实在应该将它改进一下。他仔细检查了一遍蒸汽机，注意到毛病主要是缸体随着蒸汽热了又冷，冷了又热，白白浪费了许多热量。能不能让它一直保持温度不变，而活塞又能照常工作呢？于是他自己出钱租了一个地下室，收集了几台报废的蒸汽机，决心要造出一台新式机器来。从此，瓦特整日摆弄这些机器，两年后，总算弄出个新机机器。可是点火一试，新机子的汽缸到处漏气。瓦特想尽办法，用毡子和油布裹把漏气的地方包起来，可还是治不了这个毛病。

他又趴到汽缸前观察着新机器，并思考漏气的原因。就在他陷入沉思时，一股热气从汽缸喷出，正好喷到了他的右肩上，他的右肩上随后红肿起来，就像一把热刀削着瓦特的肉一样。肩膀火辣辣地疼，这让他心烦意乱。就在他灰心的时候，他的妻子给了他很大的支持和鼓励，恢复了他继续研究蒸汽机的勇气。他又回到地下实验室，将过去的资料重新翻阅一番，打起精神又干了起来，干累了就守着炉子烧一壶水喝茶。

一天，他一边喝茶一边看着那被蒸汽推得一动一动的壶盖。他看看炉子上的壶又看看手中的杯子，心想：要想降低开水的温度，需要把它倒在杯子里；要把蒸汽变冷，能不能把它从汽缸里“倒”出来呢？他这样想着，并马上设计了一个和汽缸分开的冷凝器，这下蒸汽机的热效率提高了3倍，用的煤只有原来的四分之一。解决了这关键的难题后，瓦特顿然觉得前程一片光明。他又到大学里向布莱克教授请教了一些理论性问题，教授介绍他认识了发明镗床的威尔金技师，这位技师立即用镗炮筒的方法制了汽缸和活塞，解决了那个令瓦特最头疼的汽缸漏气问题。

1784年，瓦特安装好蒸汽机，它的活塞可以靠从两边进入汽缸的蒸汽连续推动，再不用人力去调节活门，世界上第一台真正的蒸汽机就这样诞生了。

研究炸药的人

诺贝尔的父亲是一位颇有才干的发明家，倾心于化学研究，尤其喜欢研究炸药。受父亲的影响，诺贝尔从小就表现出顽强的性格，他经常和父亲一起做炸药实验。多年随父亲研究炸药的经历，也使他的兴趣很快转到应用化学方面的研究。

1862 年夏天，他开始了对硝化甘油的研究。这是一种充满危险和牺牲的研究工作，死亡时刻都在陪伴着他。在一次进行炸药实验时发生了爆炸，诺贝尔实验室被炸得无影无踪，5 个助手全部牺牲，他最小的弟弟也未能幸免。这次惊人的意外事故，使诺贝尔的父亲受到了十分沉重的打击，没有多久他就去世了。他的邻居们出于恐惧，也纷纷向政府控告诺贝尔，此后，政府不准诺贝尔在市内进行实验。但是诺贝尔百折不挠，他把实验室搬到市郊湖中的一艘船上继续实验。经过长期的研究，他终于发现了一种非常容易引起爆炸的物质，那就是雷酸汞。他用雷酸汞做成炸药的引爆物，成功地解决了炸药的引爆问题。由此，有了雷管的问世，它是诺贝尔科学道路上的一次重大突破。

矿山开发、河道挖掘、铁路修建及隧道的开凿，都需要大量的烈性炸药，所以硝化甘油炸药的问世受到了普遍的欢迎。诺贝尔在瑞典建成了世界上第一座硝化甘油工厂，随后又在国外建立了生产炸药的合资公司。但是，这种炸药本身有许多不完善之处，存放时间一长就会分解，强烈的振动也会引起爆炸，在运输和贮藏的过程中曾经发生了许多意外事故。针对这些情况，瑞典和其他国家的政府发布了许多禁令，禁止任何人运输诺贝尔发明的炸药，并明确提出要追究诺贝尔的法律责任。面对这些考验，诺贝尔没有被吓倒，他又在反复研究的基础上，发明了以硅藻土为吸收剂的安全炸药。这种被称为黄色炸药的安全炸药，在火烧和锤击下都表现出极大的安全性，这使人们对诺贝尔的炸药完全解除了疑虑。诺贝尔再度获得了信誉，他的炸药工业也很快地获得了发展。

在安全炸药研制成功的基础上，诺贝尔又开始了对旧炸药的改良和新炸药的生产研究。两年以后，一种以火药棉和硝化甘油混合的新型胶质炸药研制成功。这种新型炸药不仅有巨大的爆破力，而且更加安全，既可以在热辊子间碾压，也可以在热气下压制成条状。胶质炸药的发明在科学技术界受到了普遍的重视。诺贝尔在已经取得的成绩面前没有停步，当他获知无烟火药的优越性后，又投入了混合无烟火药的研制，并在不长的时间里研制出了新型的无烟火药。

诺贝尔一生的发明极多，获得了很多专利，就在他生命垂危之际，仍念念不忘对新型炸药的研究。